第一次全国自然灾害综合风险普查

内蒙古鄂尔多斯市东胜区气象灾害风险评估与区划

主　编：鲍彩霞

副主编：呼　群

气象出版社
China Meteorological Press

内 容 简 介

本书首先介绍了内蒙古鄂尔多斯市东胜区的自然环境、经济社会发展和主要气象灾害概况,然后分别介绍了东胜区 1978—2020 年暴雨、干旱、大风、冰雹、高温、低温、雷电、沙尘暴和雪灾共 9 种气象灾害的致灾因子特征、典型灾害过程,9 种气象灾害致灾危险性评估及其针对人口、GDP 和农作物的风险评估与区划的资料、技术方法、评估与区划成果等,为旗县级气象灾害致灾危险性评估以及针对不同承灾体的风险评估与区划提供参考依据,以期客观认识东胜区气象灾害综合风险水平,为地方各级政府有效开展气象灾害防治和应急管理工作、切实保障社会经济可持续发展提供权威的气象灾害风险信息和科学决策依据。

图书在版编目（ＣＩＰ）数据

内蒙古鄂尔多斯市东胜区气象灾害风险评估与区划 /
鲍彩霞主编. -- 北京 : 气象出版社, 2024.10
　　ISBN 978-7-5029-8017-7

　　Ⅰ. ①内… Ⅱ. ①鲍… Ⅲ. ①气象灾害－风险评价－
研究报告－鄂尔多斯市②气象灾害－气候区划－研究报告
－鄂尔多斯市 Ⅳ. ①P429

中国国家版本馆 CIP 数据核字(2023)第 149642 号

内蒙古鄂尔多斯市东胜区气象灾害风险评估与区划
Neimenggu e'er'duosi Shi Dongsheng Qu Qixiang Zaihai Fengxian Pinggu yu Quhua

出版发行：气象出版社			
地　　址：北京市海淀区中关村南大街 46 号		邮政编码：100081	
电　　话：010-68407112(总编室)　010-68408042(发行部)			
网　　址：http://www.qxcbs.com		E-mail：qxcbs@cma.gov.cn	
责任编辑：郑乐乡		终　审：张　斌	
责任校对：张硕杰		责任技编：赵相宁	
封面设计：地大彩印设计中心			
印　　刷：北京建宏印刷有限公司			
开　　本：787 mm×1092 mm　1/16		印　张：7.75	
字　　数：195 千字			
版　　次：2024 年 10 月第 1 版		印　次：2024 年 10 月第 1 次印刷	
定　　价：80.00 元			

内蒙古鄂尔多斯市东胜区气象灾害风险评估与区划

编 委 会

主　编：鲍彩霞

副主编：呼　群

成　员（按照姓氏拼音排序）：

李肖菲凡　李雨阳　刘永红　乔骅媛

苏艳虹　　魏　佩　徐永丰　张翼超

编写负责人：

暴　雨：苏艳虹　干　旱：刘永红　大　风：魏　佩

冰　雹：乔骅媛　高　温：呼　群　低　温：李雨阳

雷　电：呼　群　雪　灾：徐永丰　沙尘暴：张翼超

编写审核人：张连霞

编写分工

呼群撰写摘要,第 1 章 1.4 节(1.4 概述部分、1.4.5、1.4.7),第 4 章 4.5 节、4.7 节(4.7.1.2 部分和 4.7.2 部分),第 5 章 5.5 节、5.7 节,第 6 章 6.1 节、6.2 节(6.2.7 部分),第 7 章 7.1 节(主要结论及 7.1.5、7.1.7 部分)、7.2 节、7.3 节,并完成全书合稿和排版。

刘永红撰写第 1 章 1.4 节(1.4.2 部分),第 4 章 4.2 节,第 5 章 5.2 节,第 6 章 6.2 节(6.2.2 部分),第 7 章 7.1 节(7.1.2 部分)。

苏艳虹撰写第 1 章 1.4 节(1.4.1 部分),第 4 章 4.1 节,第 5 章 5.1 节,第 6 章 6.2 节(6.2.1 部分),第 7 章 7.1 节(7.1.1 部分)。

魏佩撰写第 1 章 1.4 节(1.4.3 部分),第 4 章 4.3 节,第 5 章 5.3 节,第 6 章 6.2 节(6.2.3 部分),第 7 章 7.1 节(7.1.3 部分)。

李雨阳撰写第 1 章 1.4 节(1.4.6 部分),第 4 章 4.6,第 5 章 5.6 节,第 6 章 6.2 节(6.2.5 部分)、第 7 章 7.1 节(7.1.6 部分)。

徐永丰撰写第 1 章 1.4 节(1.4.8 部分),第 4 章 4.8 节,第 5 章 5.8 节,第 6 章 6.2 节(6.2.7 部分)、第 7 章 7.1 节(7.1.8 部分)。

张翼超撰写第 1 章 1.4 节(1.4.9 部分),第 4 章 4.9 节,第 5 章 5.9 节,第 6 章 6.2 节(6.2.8 部分),第 7 章 7.1 节(7.1.9 部分)。

乔驿媛撰写第 1 章 1.4 节(1.4.4 部分),第 4 章 4.4 节,第 5 章 5.4 节,第 6 章 6.2 节(6.2.4 部分),第 7 章 7.1 节(7.1.4 部分)。

李肖菲凡撰写第 1 章 1.1 节、1.2、1.3 节,第 4 章 4.7 节(4.7.1.1 部分)。

本报告中第 2 章(数据制备及处理)、第 3 章(风险评估技术方法)以及危险性等级、风险区划的主要图片均由内蒙古气象灾害综合风险普查各技术组提供,各技术组编写人员如下。

暴雨技术组:孟玉婧、白美兰、达布希拉图、赵艳丽、冯晓晶、董祝雷、刘诗梦、申紫薇、于凤鸣、徐蔚军。

气象干旱技术组:刘新、白美兰、达布希拉图、赵艳丽、张存厚、杨晶、于凤鸣、高志国、刘炜、杨丽桃、安莉娟、孙玉、包福祥、杨司琪。

高温技术组:冯晓晶、白美兰、达布希拉图、赵艳丽、董祝雷、于凤鸣、孟玉婧、刘诗梦、张宇、奇奕轩、常佩静。

低温技术组:杨晶、白美兰、达布希拉图、赵艳丽、刘新、董祝雷、于凤鸣、高晶、杨司琪、刘啸然。

雪灾技术组：于凤鸣、白美兰、达布希拉图、赵艳丽、刘新、张宇、杨丽桃、安莉娟、赵悦晨、刘诗梦、刘志刚。

大风技术组：仲夏、孙鑫、云静波、张莫日根、石霖晟杰、姜雨蒙、黄晓璐、霍志丽、邹逸航、周志花、张璐、赵睿峰、田畅。

冰雹技术组：云静波、孙鑫、仲夏、张璐、周志花、银莲、柳志慧、张莫日根、祁雁文、马学峰、邹逸航、黄晓璐、霍志丽、石霖晟杰。

雷电技术组：刘晓东、宋昊泽、刘正源、石茹琳、李庆君、东方、王曼霏、王汉堃、刘旭洋。

沙尘暴技术组：袁慧敏、孙鑫、赵斐、邹逸航、左泉、马学峰、付辰龙、郭炳瑶、宝乐尔、李蓉、迎春。

农牧业干旱技术组：张存厚、王永利、段晓凤、唐红艳、王海梅、吴瑞芬、陈素华、朝鲁门、越昆。

前　言

全球气候变暖形势下,极端天气气候事件多发、易发、频发,给经济社会发展和人民生命财产安全带来严重威胁。东胜区位于鄂尔多斯市中东部,地势西高东低。东部为丘陵沟壑区,西部为波状高原区,属典型温带大陆性季风气候,冬长夏短,四季分明。东胜区是气象灾害影响较为严重的地区之一,灾害种类多样,发生频率较高。主要气象灾害包括干旱、暴雨、大风、沙尘、霜冻、雷电、寒潮、冰雹、高(低)温等。由这些气象灾害引发的城市内涝、中小河流洪水、山洪、地质灾害以及病虫害、森林草原火灾等次生灾害时有发生,对地区安全和发展构成威胁。

多年来,气象工作者秉持"人民至上、生命至上"理念,全力构筑气象防灾减灾第一道防线,为保障生命安全、促进生产发展、助力生活富裕、维护生态良好作出积极贡献。

2020 年 6 月,国务院办公厅印发《关于开展第一次全国自然灾害综合风险普查工作的通知》(国办发〔2020〕12 号),由 17 个部委参与的第一次全国自然灾害综合风险普查正式启动。气象部门作为普查单位之一,历经两年多的普查,摸清气象灾害风险隐患底数,积累了大量第一手资料。为充分应用普查成果、整理普查数据以指导东胜区气象防灾减灾工作,鄂尔多斯市东胜区气象灾害风险普查小组共同编纂《内蒙古鄂尔多斯市东胜区气象灾害风险评估与区划》。

本书对暴雨、干旱、大风、冰雹、高温、低温、雷电、沙尘暴和雪灾等 9 种气象灾害进行致灾调查、评估与风险区划,全面客观分析东胜区气象灾害风险水平。旨在帮助政府各部门及社会各界了解东胜区气象灾害特点、气象灾害风险区划、影响及防御措施,提升气象灾害风险预报预警和服务能力,建立科学高效的气象灾害防治体系,提高全社会综合防灾减灾救灾能力。

本书是集体智慧的结晶,在此特此鸣谢内蒙古自治区气象局气象灾害综合风险普查各技术组制作了各灾种危险性等级图和风险区划图。同时感谢鄂尔多斯市气象局气象灾害综合风险普查各技术组的指导,其中张连霞高工主审东胜区气象灾害风险评估与区划报告,给予了大力支持与帮助。

本书为自然灾害综合风险普查成果的汇总,编写过程注重系统性、科学性和指导性,同时紧密结合东胜区实际,可供科研人员、决策者、业务单位参考。由于时间和水平所限,书中难免存在不足之处,敬请读者批评指正。

鲍彩霞

2024 年 10 月

目　录

摘　要

　　中国是世界上受气象灾害影响最严重的国家之一,气象灾害造成的损失占到了自然灾害损失的 70% 以上。按照第一次全国自然灾害综合风险普查工作部署,通过汇总、分析普查数据,得到内蒙古鄂尔多斯市东胜区①致灾因子特征、气象灾害危险性区划,并结合人口、国内生产总值(GDP)及主要农作物信息,做出气象灾害综合风险评估与区划。

　　内蒙古鄂尔多斯市东胜区历年(1961—2020 年,下同)暴雨主要出现在 7—8 月,年暴雨日数 1～3 d。干旱历年出现频率为 0.8 次/a,可谓"十年八旱",最长连续干旱日数可达 193 d。年平均大风日数为 8.1 d,最多可达 95 d;大风天气过程最大风速为 7～20.0 m/s。年降雹日数在 10 d 或 10 d 以下的年份居多,最多时可达 34 d,但降雹持续时间较短,多在 5 min 以内;冰雹最大直径较小,大多小于 10 mm。历年仅出现 5 次高温天气,极端最高气温为 36.7 ℃,未出现高温天气过程。极端最低气温为 −28.4 ℃,主要受冷空气(寒潮)影响造成低温灾害;初霜日多出现于 9 月或 10 月,终霜日多出现在次年 4 月或 5 月;霜期 187～252 d。雷电活动主要集中在 6—9 月,以负地闪居多,但正地闪电流强度高、破坏力强,年平均地闪密度为 1.22 次/km²。降雪过程多发生于 10 月至次年 4 月,年累计降雪量整体呈上升趋势,年平均降雪日数为 6.2 d,最大年积雪深度为 55 cm。沙尘类(包括浮尘、扬沙、沙尘暴、强沙尘暴、特强沙尘暴)天气出现频次呈下降趋势,最长持续天数为 69 d,多出现在春、冬季。

　　内蒙古鄂尔多斯市东胜区主要气象灾害有暴雨、干旱、大风、冰雹、雷电、雪灾及沙尘暴,且致灾危险性全区普遍处于较高至高危险等级。气象灾害综合风险方面,鄂尔多斯市东胜区GDP 气象灾害风险空间分布受气象灾害致灾危险性和 GDP 暴露度空间分布的共同影响,暴雨、干旱、大风、冰雹、雷电及雪灾等气象灾害 GDP 高风险区域主要位于主城区,高温、低温及沙尘暴等 GDP 气象灾害高风险区域主要位于罕台镇、铜川镇及主城区;人口、主要农作物(玉米)气象灾害风险主要受承灾体暴露度影响,人口气象灾害高风险区域主要位于主城区;玉米气象灾害高风险区主要分布于泊尔江海子镇。

---

　① 2000 年撤县级东胜市设县级东胜区。因资料年份不同,书中东胜市、东胜区并存。

第1章 概　况

1.1　自然环境概述

鄂尔多斯市东胜区地处内蒙古自治区西南部,鄂尔多斯高原的中东部,地理位置为东经 $109°08'04''$—$110°23'11''$,北纬 $39°10'07''$—$39°58'51''$(图 1.1)。地势呈西高东低,由东、西两个片区组成,东部为丘陵沟壑区,海拔高度 1269~1584 m;西部为波状高原区,地势较东部平缓,境内平均海拔高度为 1460 m,整体上西、北、东三面较高,中、南部较低,近似盆地(图 1.2)。

图 1.1　鄂尔多斯市东胜区地理位置

1.2　气候概况

鄂尔多斯市东胜区属温带干旱半干旱大陆性季风气候,主要受西北环流与极地冷空气的影响,春季干旱,夏季温热,秋季凉爽,冬季寒冷。季度更替明显,冬长夏短,四季分明。常年

图 1.2 鄂尔多斯市东胜区卫星遥感地图

(1991—2020 年)平均气温 7.3 ℃,平均每 10 a 升高 0.4～0.5 ℃;历年平均日照时数可达 3040.3 h;年无霜期为 120～177 d;历年平均年累计降水量为 383.9 mm,降水时、空分布不均, 年变化较大,且东部地区降水量普遍多于西部地区,降水多集中于 7—8 月,偶有极端性降雨天 气出现,强度大时易造成东部地区山洪,西部地区内涝,其他月份降水较少,干旱严重,历年平 均相对湿度为 48%;此外,历年平均大风日数为 7.2 d,但历年年平均风速较低,为 2.7 m/s;年 平均太阳辐射总量(2016—2021 年)可达 739.2 kJ/(cm² · h)。

1.3 经济和社会发展概况

鄂尔多斯市东胜区是鄂尔多斯市经济、科技、文化、交通和信息中心。区域总面积 2160 km², 辖 3 个镇、12 个街道办事处,有汉、蒙、回等 21 个民族。根据全国第七次人口普查数据,鄂尔 多斯市东胜区常住人口 57.63 万。

产业体系主要以煤炭、绒纺、装备制造、现代服务业为重点,构建多元发展、多极支撑的现 代产业体系。全区共有煤矿 32 座,煤炭年总产能 1.1930 亿 t,电力装机 1480 kW,年发电量 90 亿 kW · h。以鄂尔多斯羊绒集团为龙头的绒纺企业组团联合发展,形成集原料、设计、生 产、流通、销售于一体的完整产业链,年收储原绒 5500 t,产销羊绒制品 600 万件。建成鄂尔多 斯装备制造工业园区,构建汽车整车及零部件制造、能源装备制造、电子产品制造、节能环保和 新材料五大产业链,并成功跻身自治区级工业园区行列,实现年产值 203 亿元。

2023 年鄂尔多斯市东胜区地区生产总值达 1030.51 亿元。鄂尔多斯市东胜区主城区以 第三产业为主,周边乡镇以第一、第二产业为主,三个产业结构比例为 0.23∶43.82∶55.95 (数据来源于东胜区统计局,于 2024 年 9 月发布)。

1.4 历史气象灾害概况

鄂尔多斯市东胜区历年受干旱、大风、暴雨、冰雹、沙尘暴、雷电、低温及雪灾等气象灾害影 响。根据 1961—2020 年气象灾情数据统计,鄂尔多斯市东胜区发生次数最多的气象灾害为干 旱、暴雨及大风。期间共计出现 60 次干旱天气过程,干旱过程持续时间最多近 200 d,暴雨主要集中在 6—8 月,大风主要集中在 3—6 月。鄂尔多斯市东胜区以丘陵沟壑区和波状高原区为主,地形地质条件复杂,天气、气候灾害极易造成次生、衍生灾害。

1.4.1 暴雨气象灾害概况

暴雨是东胜区主要自然灾害之一,多发于雨季(6—9 月),主要集中在 7—8 月,出现短时强降水概率较大。加之东胜东、北、西三面略高,中南部较低,近似盆地,极易引发山洪、内涝等灾害。东部多丘陵沟壑,水土流失严重,西部为波状高原地区,是毛乌素沙地的延伸地带,地形较为平缓,因此东部遭受洪涝灾害的程度较为严重。1994 年 7 月 25 日至 27 日因连续多日降雨,洪涝灾害严重,直接经济损失达数千万元。

1.4.2 干旱气象灾害概况

鄂尔多斯市东胜区因干旱致灾约占气象灾害的 50%,其造成的损失也最为严重,故气象干旱在发生旱灾中占主导地位,气象干旱影响着其他干旱的进一步恶化。干旱一年四季都有发生,且季节连旱的情况较为突出,由 1978—2020 年资料分析表明,鄂尔多斯市东胜区主要以春夏连旱最多,而夏旱对农作物的影响危害最为严重。干旱灾害影响面积广,持续时间长,损失严重,严重时造成潜水面下降,土地沙化、盐碱化,地面沉降,水资源严重匮缺等情况。尤其 2008 年 5 月 15 日至 6 月 18 日的干旱灾害过程造成的损失较为严重,有 62.49 万人受灾,农作物受灾面积达 211320 公顷,直接经济损失 1.6 亿元,干旱灾害的发生逐渐趋于常态,发生频率更高、强度更大、范围更广,其破坏性、异常性尤为突出。

1.4.3 大风气象灾害概况

鄂尔多斯市东胜区大风天气主要发生在 4—6 月,多为冷空气(寒潮)大风。因春季气温回升较快,天气系统过境频繁,更易出现大风天气。大风灾害主要致使农牧业受损,对人们的生产生活也易造成极大损失,比如房屋倒塌、公路及供电等通信线路受损。例如 1994 年 5—8 月的气象灾害记录中,受大风、强寒潮、霜冻等天气造成巴音敖包乡、柴登部分村、社损失严重。造成农村直接经济损失 667.65 万元,城市直接经济损失 14 万元。

1.4.4 冰雹气象灾害概况

鄂尔多斯市东胜区冰雹灾害主要出现在夏季。冰雹天气对农业、牧业及交通影响较大,易导致农田、牧草砸毁,农作物减产,建筑物、车辆毁坏,严重时导致农作物绝收、人畜伤亡。根据鄂尔多斯市东胜区 1961—2020 年冰雹历史灾情统计分析,近 60 年鄂尔多斯市东胜区有冰雹灾情数据记录的 33 次中多为农田、草场毁坏造成经济损失。1977 年 9 月 17 日鄂尔多斯市东胜区罕台庙等 5 个乡的 146 个自然村降冰雹,农作物受灾面积 3333 公顷,粮食减产 39 万公斤。

1.4.5 高温气象灾害概况

鄂尔多斯市东胜区受高温灾害影响极小。受调查资料所限,鄂尔多斯市东胜区 1978—2020 年无高温灾害事件记录。

1.4.6　低温气象灾害概况

鄂尔多斯市东胜区位于内蒙古自治区西南部,纬度较高,冬季太阳辐射弱,且地势西高东低,冷空气易积聚蔓延,东部丘陵沟壑区有"狭管效应",致冬季寒冷、低温天气持续时间长。每年9月至翌年5月是低温主要时段,1987年6月5日至6日发生的霜冻、寒潮、大风灾害过程是历史上损失最大的一次低温灾害事件,800公顷农作物冻死,580只羊死亡。低温若伴有大风、雨雪或沙尘暴等,会引发次生灾害,如电力设施受损、道路结冰、生态破坏等,加重对农牧业等的影响。

1.4.7　雷电气象灾害概况

鄂尔多斯市东胜区年雷暴日数为33天,雷暴出现月份主要集中在4—9月,雷电灾害频次空间分布差异显著,铜川镇中东部地区雷电地闪强度较强、灾害较为多发,直接经济损失一般也较高。雷电灾害事件多为电闪感应导致的电器设备损坏。随着民众雷电灾害防御意识的提高和雷电灾害防御措施的普及,雷电灾害导致人员伤亡及牲畜伤亡事件减少。

1.4.8　雪灾概况

雪灾是鄂尔多斯市东胜区发生次数相对较少的灾害,影响范围也较为局地,主要集中在主城区、罕台镇及泊尔江海子镇东部,影响程度相对较轻。1961—2020年鄂尔多斯市东胜区雪灾灾害共收集到5条,受调查条件所限,灾情记录出现在1978—2020年,发生时间均在2月和3月。雪灾直接经济损失较少,只在2007年3月出现的雪灾中造成63.6万元的经济损失。春季发生的雪灾对于当地畜牧业影响较大。因牧草枯黄或牧草刚刚返青,数量少、质量低,加之春季畜体膘情差,抗御雪灾能力弱,故更易造成畜牧业方面的灾情。

1.4.9　沙尘暴气象灾害概况

鄂尔多斯市东胜区沙尘暴引发的灾情多发生在春季,其次为冬季,夏季最少。春季大风天气多,降水少,发生大范围沙尘暴频率高,程度重,给农牧业生产、交通运输及居民生活带来严重影响,易造成大田作物返种、青苗被刮死、棚圈受损倒塌、交通运输受阻、人畜饮水困难等不利影响,更严重的会导致作物减产、人畜伤亡。尤其1983年4月26—28日发生的沙尘暴灾害,导致大面积农田被沙掩埋,1200头牲畜死亡。

第2章 数据制备与处理方法

2.1 气象资料

9种气象灾害（暴雨、干旱、大风、冰雹、高温、低温、雷电、雪灾、沙尘暴）风险评估与区划使用国家级地面气象观测站1961—2020年的观测资料，以日值资料为主，包括：降水量、气温、雷暴日、闪电定位、风速、冰雹记录、相对湿度、最小能见度、降雪量、积雪深度等要素。高温灾害风险评估还使用了骨干区域自动气象站2016—2020年逐日气温数据。

2.2 地理信息资料

内蒙古气象灾害风险评估与区划中使用的地理信息资料主要包括：国务院第一次全国自然灾害综合风险普查领导小组办公室（以下简称"国务院普查办"）下发的行政边界数据、数字高程模型（DEM）数据。雷电、大风、暴雨等灾害风险评估还使用了土地利用、土壤、森林覆盖、水系等数据。

2.3 承灾体资料

承灾体资料来源于国务院普查办共享的人口、GDP、农作物（玉米）标准格网数据。除此之外，在开展雷电风险评估时还收集到以旗（县）行政区域为单元的油库、气库、弹药库、化学品仓库、烟花爆竹、石化等易燃易爆场所数量和雷电易发区内的矿区、旅游景点数量等资料。

2.4 灾情资料

气象灾害风险调查收集到的灾情资料，主要来源于灾情直报系统、《中国气象灾害大典·内蒙古卷》《中国气象灾害年鉴》《沙尘天气年鉴》《中国西北地区近500年极端干旱事件》《东胜市农牧林业气候资源调查与区划》《伊克昭盟主要自然灾害》《内蒙古自然灾害通志》《伊克昭盟农业历史汇编（1949—1981）》《伊克昭盟国民经济统计资料·1981年》《伊克昭盟国民经济统计资料·1982年》《伊克昭盟国民经济统计资料·1984年》《内蒙古自然灾害史料》《东胜市志》及《东胜区志（1991—2010）》及鄂尔多斯市东胜区统计局、应急管理局、档案局史志馆、东胜区供电分局、东胜区铁西供电分局、交通运输管理局、农牧局、环境保护局、住房和城乡建设局等提供的相关资料。除此之外，在开展雷电风险评估时还收集了中国气象局雷电防护办公室编制的《全国雷电灾害汇编》1998—2020年雷电灾情资料。

2.5　其他资料

在开展沙尘暴风险评估时收集了环境空气质量监测数据:筛选沙尘暴灾害过程调查区域历史环境空气质量监测数据日平均 PM_{10} 浓度、PM_{10} 日最大小时浓度数据以及其发生地的经度、纬度,影响范围等。

在开展雪灾风险评估时收集了 3 种遥感资料。

(1)欧洲航天局积雪概率数据。2000—2012 年平均每 7 d 的积雪概率,空间分辨率为 1 km。

(2)中国雪深长时间序列数据集。1978 年 10 月 24 日到 2020 年 12 月 31 日逐日的中国范围的积雪厚度分布数据,空间分辨率为 25 km。

(3)中国 1980—2020 年雪水当量 25 km 逐日数据。针对中国积雪分布区,基于混合像元雪水当量反演算法,利用星载被动微波遥感亮温数据制备的 1980—2020 年空间分辨率为 25 km 的逐日雪水当量/雪深数据集。

第3章 风险评估技术方法

3.1 暴雨

内蒙古暴雨灾害风险评估与区划技术路线如图3.1所示。

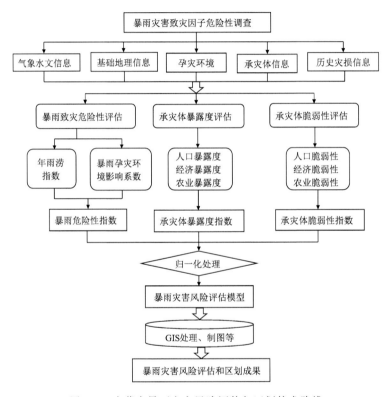

图3.1 内蒙古暴雨灾害风险评估与区划技术路线

3.1.1 致灾过程确定的技术方法

以日降水量(20时至次日20时)≥50 mm的降雨日为暴雨日。当暴雨日持续天数≥1 d或者中断日有中到大雨,且前后均为暴雨日的降水过程为暴雨过程。

3.1.2 致灾因子危险性评估的技术方法

暴雨致灾危险性评估主要考虑暴雨事件和孕灾环境,因此内蒙古暴雨致灾危险性评估指标包括两个:年雨涝指数和孕灾环境影响系数。

3.1.2.1   年雨涝指数

(1)暴雨灾害致灾因子识别

根据内蒙古鄂尔多斯东胜区(简称东胜区)暴雨灾害致灾特征,从降水总量以及暴雨过程的强度、降水持续时间等方面对致灾因子进行初步筛选,并借助收集到的 1978—2020 年暴雨过程灾情解析识别出东胜区暴雨灾害致灾因子为:过程累计降水量、最大日降水量和暴雨持续天数。

(2)年雨涝指数分布

按照该暴雨过程的识别方法,基于气象站逐日降水资料和致灾因子,分别计算各气象站所有暴雨过程的过程累计降水量、最大日降水量和暴雨持续天数,并分别对 3 个致灾因子进行归一化处理,采用信息熵赋权法确定权重,加权求和得到各站点暴雨过程强度指数,分别累加各站当年逐场暴雨过程强度值,得到各站点年雨涝指数。东胜区年雨涝指数呈现"东高西低"的分布特征(图 3.2)。

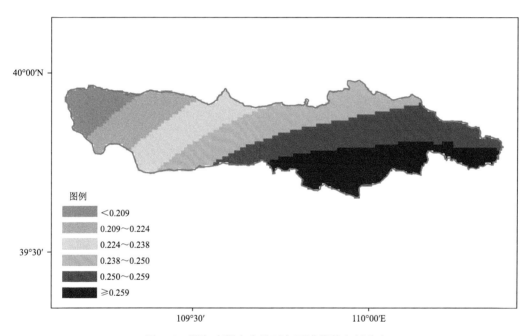

图 3.2   鄂尔多斯市东胜区年雨涝指数空间分布

3.1.2.2   暴雨孕灾环境影响系数

暴雨孕灾环境指暴雨影响下,对形成洪涝、泥石流、滑坡、城市内涝等次生灾害起作用的自然环境。暴雨孕灾环境对暴雨成灾危险性起扩大或缩小作用。暴雨孕灾环境宜考虑地形、河网水系、地质灾害易发条件等,参考地方标准《暴雨过程危险性等级评估技术规范》(DB 33/T 2025—2017),鄂尔多斯市东胜区暴雨孕灾环境主要考虑地形因子和水系因子两个因素。

(1)地形因子影响系数

首先计算鄂尔多斯市东胜区的高程标准差。以评估点为中心,计算评估点与若干邻域点的高程标准差,计算方法如下:

$$S_h = \sqrt{\dfrac{\sum_{j=1}^{n}(h_j - \overline{h})^2}{n}}$$

式中，S_h 为高程标准差，h_j 为邻域点海拔高度（单位：m），$\overline{h}$ 为评估点海拔高度，n 为邻域点的个数（n 值宜大于等于 9）。基于鄂尔多斯市东胜区 DEM 数据，采用 ArcGIS 软件的焦点统计工具，得到鄂尔多斯市东胜区的高程标准差。

在 GIS 中绝对高程可用数字高程模型来表达，并把海拔高度分成五级。高程标准差是表征该处地形变化程度的定量指标，并把高程标准差分成四级。根据地形因子中绝对高程越高、高程标准差越大，暴雨危险程度越高的原则，依据内蒙古高程标准差和海拔高度的实际情况，确定了内蒙古地区地形因子影响系数，如表 3.1 所示。

表 3.1 内蒙古地区地形因子影响系数赋值

海拔高度/m	高程标准差			
	<4	$[4,7)$	$[7,11)$	$\geqslant 11$
<450	0.1	0.2	0.3	0.5
$[450,850)$	0.2	0.3	0.4	0.6
$[850,1200)$	0.3	0.4	0.5	0.7
$[1200,1400)$	0.4	0.5	0.6	0.8
$\geqslant 1400$	0.5	0.6	0.7	0.9

按照表 3.1 等级划分和相应的赋值，采用 ArcGIS 软件分别对鄂尔多斯市东胜区的海拔高度和高程标准差进行重分类、栅格计算和赋值，最终得到东胜区地形因子影响系数空间分布（图 3.3）。

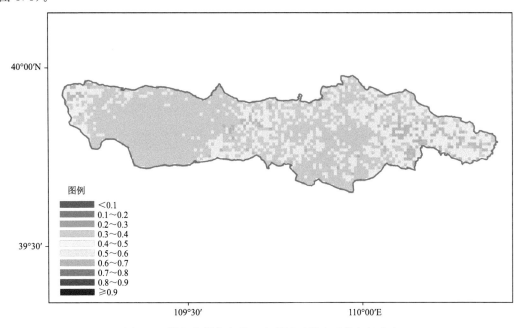

图 3.3 鄂尔多斯市东胜区地形因子影响系数空间分布

（2）水系因子影响系数

采用水网密度赋值法计算水系因子影响系数。水网密度是指流域内干、支流总河长与流域面积的比值或单位面积内自然与人工河道的总长度，水网密度反映了一定区域范围内河流的密集程度，计算公式如下：

$$S_r = \frac{l_r}{a}$$

式中，S_r 为水网密度（单位：km/km²），l_r 为水网长度（单位：km），a 为区域面积（单位：km²）

根据内蒙古地区 1 : 25 万水系数据，采用 ArcGIS 软件的线密度工具，得到内蒙古地区的水网密度。根据水网密度，取相应水系因子影响系数，如表 3.2 所示。

表 3.2　内蒙古地区水系因子影响系数赋值（水网密度法）

水网密度/(km/km²)	赋值
<0.16	0
[0.16,0.38)	0.1
[0.38,0.62)	0.2
[0.62,0.93)	0.3
[0.93,1.32)	0.4
[1.32,1.81)	0.5
[1.81,2.57)	0.6
[2.57,3.7)	0.7
[3.7,5.94)	0.8
≥5.94	0.9

按照表 3.2 等级划分和相应的赋值，采用 ArcGIS 软件对东胜区的水网密度进行重分类和赋值，最终得到东胜区水系因子影响系数空间分布（图 3.4）。

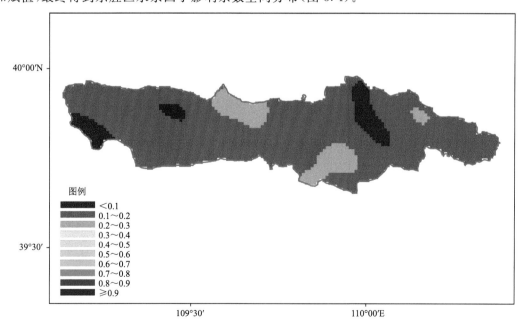

图 3.4　鄂尔多斯市东胜区水系因子影响系数空间分布

（3）暴雨孕灾环境影响系数

暴雨孕灾环境影响系数的计算公式为：

$$I_{\varepsilon} = w_{\mathrm{h}} p_{\mathrm{h}} + w_{\mathrm{r}} p_{\mathrm{r}}$$

式中，I_{ε} 为暴雨孕灾环境影响系数，p_{h} 为地形因子影响系数，p_{r} 为水系因子影响系数，w_{h} 和 w_{r} 分别为地形因子和水系因子系数的权重，$w_{\mathrm{h}} + w_{\mathrm{r}} = 1$。

采用信息熵赋权法确定权重，其中地形因子影响系数权重为 0.7，水系因子影响系数权重为 0.3，采用 ArcGIS 软件的栅格运算工具，加权求和得到东胜区暴雨孕灾环境影响系数的空间分布（图 3.5）。

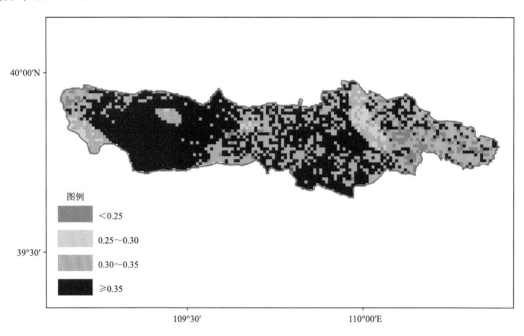

图 3.5　鄂尔多斯市东胜区暴雨孕灾环境影响系数空间分布

3.1.2.3　暴雨致灾危险性指数

暴雨致灾危险性指数是由暴雨孕灾环境影响系数和年雨涝指数加权综合而得，计算公式如下：

$$致灾危险性指数 = A_1 \times 暴雨孕灾环境影响系数 + A_2 \times 年雨涝指数$$

式中，A_1 和 A_2 分别为暴雨孕灾环境影响系数和年雨涝指数的权重系数。采用信息熵赋权法并结合当地实际情况讨论确定权重，从而构建鄂尔多斯市东胜区暴雨致灾危险性指数的计算模型如下：

$$致灾危险性指数 = 0.4 \times 暴雨孕灾环境影响系数 + 0.6 \times 年雨涝指数$$

采用 ArcGIS 软件的栅格运算工具，加权求和得到鄂尔多斯市东胜区暴雨致灾危险性指数。

3.1.2.4　暴雨致灾危险性评估与分区

基于暴雨致灾危险性指数，结合鄂尔多斯市东胜区行政单元，采用自然断点法将暴雨致灾危险性等级划分为 1～4 共 4 个等级，分别对应高、较高、较低和低等级。暴雨致灾危险性 4 个等级的级别含义和颜色 CMYK 值见表 3.3,进而在 GIS 平台上进行风险分区制图,得到暴雨灾害致灾危险性等级图。

表 3.3　暴雨致灾危险性分区等级、级别含义和颜色

风险级别	级别含义	颜色 CMYK 值
1	高	100,70,40,0
2	较高	70,50,10,0
3	较低	55,30,10,0
4	低	20,10,5,0

3.1.3　风险评估与区划技术方法

内蒙古暴雨灾害风险评估指标包括 3 个,分别为暴雨致灾危险性、承灾体暴露度和承灾体脆弱性,其中承灾体脆弱性根据实际资料情况作为可选的评估指标。

3.1.3.1　主要承灾体暴露度

选取鄂尔多斯市东胜区主要承灾体人口、GDP 和农业进行暴露度分析,具体方法如下:

(1)人口暴露度:常住人口密度。

(2)经济暴露度:GDP 密度。

(3)农业暴露度:农作物玉米种植面积。

分别将国务院普查办共享的东胜区人口、GDP、玉米的 30 弧秒标准格网数据作为人口、经济和农业暴露度指标,为了消除各指标的量纲差异,对人口、经济和农业暴露度指标进行归一化处理。各个指标归一化计算公式为:

$$x' = \frac{x - x_{\min}}{x_{\max} - x_{\min}}$$

式中,x' 为归一化后的数据,x 为样本数据,$x_{\min}$ 为样本数据中的最小值,$x_{\max}$ 为样本数据中的最大值。

3.1.3.2　主要承灾体脆弱性

选取承灾体人口、GDP 和农业进行脆弱性分析,具体方法如下:

(1)人口脆弱性:因暴雨灾害造成的死亡人口和受灾人口占区域总人口比例。

(2)经济脆弱性:因暴雨灾害造成的直接经济损失占区域 GDP 的比例。

(3)农业脆弱性:农作物玉米受灾面积占种植面积的比例。

由于调查已收集到的各乡镇死亡人口、受灾人口、农业受灾面积、直接经济损失以及当年乡镇总人口、GDP 和农作物种植面积数据有限,无法满足计算承灾体脆弱性的数据要求,因此东胜区暴雨灾害风险评估暂不考虑承灾体脆弱性。

3.1.3.3　暴雨灾害风险评估指数

根据暴雨灾害风险形成原理及评价指标体系,分别将致灾危险性、承灾体暴露度和承灾体脆弱性各指标进行归一化,再加权综合,建立暴雨灾害风险评估模型如下:

$$I_{\mathrm{MDR}} = T_I^{w_e} \times E_I^{w_h} \times V_I^{w_s}$$

式中:I_{MDR} 为暴雨灾害风险指数,用于表示暴雨灾害风险程度,其值越大,则暴雨灾害风险程度越大;T_I、E_I、V_I 分别表示暴雨致灾危险性、承灾体暴露度、承灾体脆弱性指数。w_e、w_h、w_s 是致灾危险性、承灾体暴露度和脆弱性指数的权重,权重的大小依据各因子对暴雨灾害的影响程度,根据信息熵赋权法,并结合当地实际情况讨论确定。

由于受到历史灾情资料限制,因此东胜区不考虑承灾体脆弱性,最终将致灾危险性和承灾体暴露度进行加权求积,从而得到东胜区暴雨灾害风险评估结果。

针对人口、GDP 和农作物不同承灾体分别构建暴雨灾害人口、GDP 和农作物风险评估模型如下:

(1)暴雨灾害人口风险＝暴雨致灾危险性$^{0.6}$(危险性)×区域人口密度$^{0.4}$(暴露度)

(2)暴雨灾害 GDP 风险＝暴雨致灾危险性$^{0.6}$(危险性)×区域 GDP 密度$^{0.4}$(暴露度)

(3)暴雨灾害玉米风险＝暴雨致灾危险性$^{0.6}$(危险性)×区域玉米种植面积$^{0.4}$(暴露度)

采用 ArcGIS 软件的栅格运算工具,分别加权求积得到东胜区暴雨灾害人口、GDP 和农作物的风险评估指数。

3.1.3.4 暴雨灾害风险评估与分区

依据不同承灾体风险评估结果,结合东胜区行政单元,采用自然断点法,将风险等级划分为1~5 共 5 个等级,分别对应高、较高、中、较低和低等级。人口和 GDP 级别含义和颜色 CMYK 值见表 3.4—表 3.6,进而在 GIS 平台上进行风险分区制图,得到暴雨灾害对不同承灾体风险分区图。

表 3.4 暴雨灾害人口风险分区等级、级别含义和颜色

风险级别	级别含义	颜色 CMYK 值
1	高	0,100,100,25
2	较高	15,100,85,0
3	中	5,50,60,0
4	较低	5,35,40,0
5	低	0,15,15,0

表 3.5 暴雨灾害 GDP 风险分区等级、级别含义和颜色

风险级别	级别含义	颜色 CMYK 值
1	高	15,100,85,0
2	较高	7,50,60,0
3	中	0,5,55,0
4	较低	0,2,25,0
5	低	0,0,10,0

表 3.6 暴雨灾害农作物风险分区等级、级别含义和颜色

风险级别	级别含义	颜色 CMYK 值
1	高	0,40,100,45
2	较高	0,0,100,45
3	中	0,0,100,25
4	较低	0,0,60,0
5	低	10,5,15,0

3.2　干旱

内蒙古干旱灾害风险评估与区划技术路线如图 3.6 所示。

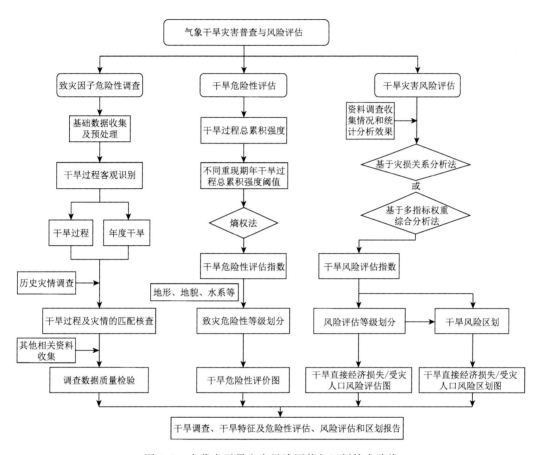

图 3.6　内蒙古干旱灾害风险评估与区划技术路线

3.2.1　致灾过程确定的技术方法

选取气象干旱相对湿润度指数(MI)作为基础指标,计算方法及干旱等级判定参见《气象干旱等级》(GB/T 20481—2017)。东胜区气象干旱过程识别采用单站干旱过程识别方法。具体如下:当某站连续 15 d 及以上出现轻旱及以上等级干旱,且至少有 1 d 干旱等级达到中旱及以上,则判定为发生一次干旱过程。干旱过程内第一次出现轻旱的日期,为干旱过程开始日;干旱过程发生后,当连续 5 d 干旱等级为无旱或偏湿时,则干旱过程结束,干旱过程结束前最后一天干旱等级为轻旱或以上的日期为干旱过程结束日。某站点干旱过程开始日到结束日(含结束日)的总日数为该站干旱过程日数。在此基础上计算单站干旱过程强度。

3.2.2 致灾因子危险性评估技术方法

3.2.2.1 年干旱强度指数

基于 MI 指数,统计年尺度干旱过程总累计强度,分析不同重现期的年干旱过程总累计强度的阈值。年干旱过程总累计强度为年尺度内多次干旱过程中日干旱等级为中旱等级及以上的累计干旱强度的总和。该指标是可以反映干旱时长和强度的综合指标。具体统计方法如下:

$$I_{SM} = \sum_{j=1}^{m} \sum_{i=1}^{n} I_{Mij}$$

式中,I_{SM} 为单站年多次干旱过程累计干旱强度(绝对值),I_{Mij} 为 j 干旱过程中第 i 天气象干旱综合指数,n 为 j 干旱过程持续天数,m 为站点年干旱过程数。

基于年尺度历史序列,采用百分位法,计算 5 年、10 年、20 年、50 年、100 年一遇的阈值 T_5、T_{10}、T_{20}、T_{50}、T_{100}。基于年过程总累计强度的年干旱强度指数可用下式表达:

$$H = a_1 \times T_5 + a_2 \times T_{10} + a_3 \times T_{20} + a_4 \times T_{50} + a_5 \times T_{100}$$

式中,a_1、a_2、a_3、a_4、a_5 分别代表 5 年、10 年、20 年、50 年、100 年一遇阈值权重。

3.2.2.2 孕灾环境指数

干旱致灾因子危险性除了考虑气象因子外,还考虑了对干旱灾害的发生、发展起作用的自然环境因素。例如,海拔高度与干旱程度存在一定的关系,但是关系复杂,一般情况下,随着山地海拔高度的上升,降水增多,干旱程度降低;随着海拔高度上升,降水减少,且地形起伏较大的地方不容易储水,干旱程度加剧。水系对干旱影响明显,有水的地方或距离水体近的地方不容易发生干旱。通过对比分析,孕灾环境主要考虑了地形、坡度和水系 3 个因素,采用熵权法赋值,加权得到孕灾环境指数。

3.2.2.3 致灾危险性指数

干旱致灾危险性指数是由年干旱强度指数与孕灾环境指数加权综合得到,计算公式如下:

$$致灾危险性指数 = w_1 \times 年干旱强度指数 + w_2 \times 孕灾环境指数$$

式中,w_1 和 w_2 分别为年干旱强度指数和孕灾环境指数的权重系数,采用信息熵赋权法确定。

3.2.2.4 干旱致灾危险性等级划分

根据致灾危险性指数大小,按照自然断点法进行等级划分,划分为 1～4 共 4 个等级,分别对应高、较高、较低及低等级危险。

3.2.3 风险评估与区划技术方法

基于干旱灾害风险原理,干旱灾害风险(RI)由致灾因子危险性(H)、承灾体暴露度(E)、承灾体脆弱性(V)构成。干旱灾害风险采用以下公式进行计算:

$$RI = H^{w_h} \times E^{w_e} \times V^{w_v}$$

式中,w_h、w_e、w_v 分别是致灾因子危害性、承灾体暴露、承灾体脆弱性的权重。

根据资料调查收集情况和统计分析效果,基于危险性指标,选择代表不同承灾体暴露度、脆弱性和防灾减灾能力指标,采用多指标权重综合分析的方法,分别开展人口、经济的干旱灾害风险评估。

3.2.3.1　承灾体暴露度

采用区域范围内人口密度、地均 GDP 作为评价指标来表征人口、经济承灾体的暴露度,以下式表示:

$$E = \frac{S_m}{S} \times 100\%$$

式中,E 为承灾体暴露度,S_m、S 分别为第 m 个区域内承灾体数量和总面积。针对人口、经济,S_m 和 S 指标为区域多年平均人口、GDP 和区域总面积。

3.2.3.2　承灾体脆弱性

人口和经济干旱脆弱性以灾损率表示。围绕经济、人口承灾体,选择相应的年度或过程干旱灾情损失指标,如:干旱直接经济损失、干旱受灾人口等,结合历年经济 GDP、人口等社会经济统计资料,基于县级尺度,计算相应的灾损率。计算公式如下:

干旱直接经济损失率＝干旱直接经济损失/区域生产总值

干旱受灾人口损失率＝干旱受灾人口/区域总人口

3.2.3.3　干旱风险评估等级划分

基于风险评估指数,根据研究范围,按照自然断点法进行等级划分,共分为 1～5 共 5 个等级,分别对应高、较高、中、较低、低等风险等级。

3.2.3.4　玉米风险评估与区划方法

(1)孕灾环境敏感性

玉米干旱的孕灾环境主要考虑耕地的坡度和土壤类型两个因子。

首先土壤的坡度对土壤中水分的均衡保持和减少自然降水的径流比较重要,另外,坡度较大也不利于有灌溉条件或灌溉设施的地区进行灌溉。对于坡度的处理方式为:坡度大于 10°的坡地直接赋值为 0,坡度小于 10°的地区采用(10－坡度)/10 进行处理,处理的意图一是将此因子变为一个正向因子,方便与另一因子进行综合,另外同时进行归一化处理。

其次,不同的土壤类型涵养水分的能力不同,这对于自然降水相同的地区是否发生干旱至关重要。土壤类型主要分为 3 大类:砂土、壤土和黏土,根据涵养水分能力的不同,分别设置为 0.5、0.8 和 1.0。

坡度和土壤类型的权重分配分别为 0.4 和 0.6。

干旱孕灾环境敏感性因子为正向因子(此数据越大,结果数据也越大,对干旱评估而言就越干旱),因此,在进行综合分析时需进行取反处理。

(2)承灾体脆弱性

承灾体脆弱性主要考虑某地的耕地面积占国土面积的比重,比重越大脆弱性也越大。还应该考虑地均 GDP 等因素,但由于这类要素不易反馈到任意空间点上,因此未予考虑。对耕地比重直接进行归一化处理即可。

(3)防灾、减灾能力评估

玉米干旱的防灾、减灾能力主要考虑某地是否有灌溉条件,这是解决干旱的最根本办法。在此主要考虑灌溉面积占耕地面积的比重,比重越大,防灾、减灾能力也就越强。此因子也为正向因子,需要取反后使用。

（4）风险评估

玉米干旱风险区划等级数据如表 3.7 所示。

表 3.7 玉米干旱风险区划等级数据

等级	划分标准
低	≤0.35
较低	(0.35,0.42]
中	(0.42,0.49]
较高	(0.49,0.56]
高	>0.56

（5）风险分区

依据风险评估结果，结合行政单元对风险评估结果进行空间划分（表 3.8）。

表 3.8 风险分区等级

等级	1	2	3	4	5
风险	高	较高	中	较低	低

3.2.4 其他技术方法

3.2.4.1 权重确定方法

指标权重可采用下式计算，综合考虑主、客观方法。

$$W_j = \frac{\sqrt{W_{1j} \times W_{2j}}}{\sum \sqrt{W_{1j} \times W_{2j}}}$$

式中：W_j 为指标 j 的综合权重；W_{1j} 为指标 j 的主观权重，采用层次分析法获取；W_{2j} 为指标 j 的客观权重，采用信息熵赋权法计算。

3.2.4.2 归一化方法

由于分析中各要素及其包含的具体指标的量纲和数量级都不同。为了消除这种差异，使各指标间具有可比性，需要对每个指标做归一化处理。归一化出来后的指标值均位于 0.5～1 之间。

指标归一化的计算公式：

$$D_{ij} = 0.5 + 0.5 \times (A_{ij} - A_{imin}) / (A_{imax} - A_{imin})$$

式中，D_{ij} 是 j 区第 i 个指标的规范化值；A_{ij} 是 j 区第 i 个指标值；A_{imin} 和 A_{imax} 分别是第 i 个指标值中的最小值和最大值。

3.3 大风

内蒙古大风灾害风险评估与区划技术路线如图 3.7 所示。

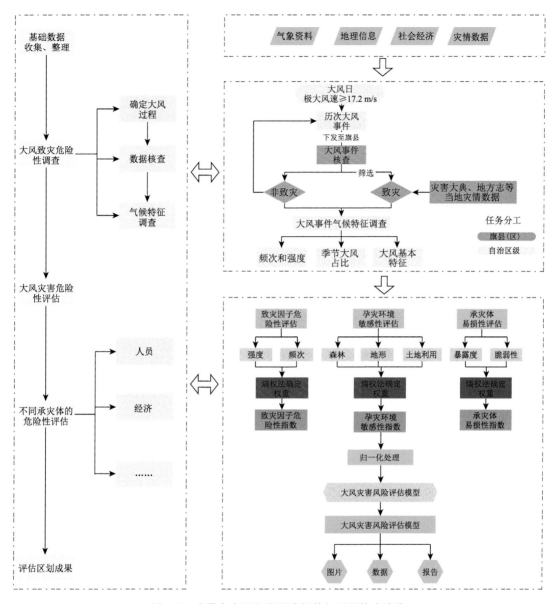

图 3.7　内蒙古大风灾害风险评估与区划技术路线

3.3.1　致灾过程确定的技术方法

3.3.1.1　历史大风过程的确定

根据鄂尔多斯市东胜区国家气象观测站地面观测天气现象和极大风风速的记录,以当日该站出现大风天气现象为标准确定历史大风过程,无大风天气现象观测记录以日极大风风速≥17.2 m/s 为标准确定历史大风过程。并根据小时数据确定历史大风过程中致灾因子的基本信息,包括开始日期、结束日期、持续时间、影响范围;历史大风灾害事件的致灾因子信息,包括大风分类(雷暴大风、非雷暴大风)、日最大风速和风向、日极大风速和风向等。

3.3.1.2 　历史大风致灾过程的确定

根据《中国气象灾害年鉴》[8]《中国气象灾害大典·内蒙古卷》[18]及内蒙古自治区、盟(市)、旗(县)三级的气象灾害年鉴、防灾减灾年鉴、灾害年鉴、地方志等,文献及灾情调查部门的共享数据,确定历次大风事件是否致灾,并根据灾情数据、观测数据、风速自记纸等记录确定本次大风致灾过程中致灾因子的基本信息,包括开始日期、结束日期、持续时间、影响范围;历史大风灾害事件的致灾因子信息,包括大风分类(雷暴大风、非雷暴大风)、日最大风速和风向、日极大风速和风向。

3.3.2 　致灾因子危险性评估技术方法

3.3.2.1 　确定大风灾害致灾因子

选择发生大风的年平均次数和极大风速作为大风灾害致灾因子。大风日数越多,大风发生越频繁,极大风速越大,可能发生强度越大,则大风灾害的危险性就越高。大风日数表示大风频次,各个站一年内大风日数作为频次信息,频次统计单位为 d/a;极大风速最大值表示大风强度,各个站每年大风日的极大风速最大值作为强度信息。

3.3.2.2 　确定大风和频次的权重

采用熵权法确定大风频次和强度的权重,熵权法相对层次分析法、专家打分法来说更具客观性,因此在大风灾害危险性评估中采用了熵值赋权法来确定评价因子权重。

3.3.2.3 　确定大风灾害危险性评估指标

对两个因子进行归一化处理后通过加权相加后得到大风灾害致灾因子的危险性评估指标(H)。计算公式为:

$$H = w_G \times G + w_P \times P$$

式中,w_G 是大风强度的权重,w_P 是大风频次的权重,G 是大风强度因子指标的归一化值,P 是大风频次因子指标的归一化值。

3.3.2.4 　大风危险性评估

采用自然断点法,将计算得到的大风灾害危险性指数划分为高、较高、较低、低 4 个等级,得到大风灾害危险性等级划分结果。

3.3.3 　风险评估与区划技术方法

3.3.3.1 　技术流程与方法

气象灾害风险是气象致灾因子在一定的孕灾环境中,作用在特定的承灾体上所形成的。因此,致灾因子、孕灾环境和承灾体这 3 个因子是灾害风险形成的必要条件,缺一不可。根据相关技术细则,结合实际情况,选择基于风险指数的大风风险评估方法开展大风灾害风险评估工作。根据风险=致灾因子危险性×孕灾环境敏感性×承灾体易损性,确定不同承灾体的风险评估指数。不同承灾体的致灾因子危险性、孕灾环境敏感性和承灾体的易损性 3 个评价因子选择相应的评价因子指数得到。评价因子指数的计算采用加权综合评价法,计算公式为:

$$V_j = \sum_{i=1}^{n} w_i D_{ij}$$

式中，V_j 是各评价因子指数，w_i 是指标 i 的权重，D_{ij} 是对于因子 j 的指标 i 的归一化值，n 是评价指标个数。

3.3.3.2　大风灾害孕灾环境敏感性评估指标

大风孕灾环境主要指地形、植被覆盖等因子对大风灾害形成的综合影响。综合考虑各影响因子对调查区域孕灾环境的不同贡献，运用层次分析法设置相应的权重。地形主要以高程指示值代表，按高程越高越敏感进行赋值。

将高程指标和植被覆盖度指标进行归一化处理后通过加权求和计算得到孕灾环境敏感性评估指标(S)。计算公式为：

$$S = w_{高程} \times 高程指标(归一化) + w_{植被覆盖度} \times 植被覆盖倒数(归一化)$$

式中，$w_{高程}$ 为高程的权重，$w_{植被覆盖度}$ 为植被覆盖度指标的权重。

3.3.3.3　大风对人员安全影响的风险评估

大风对人员安全的影响风险评估以人口作为主要的承灾体，以人口密度因子描述承灾体的易损度，评估方程为：

$$R_p = H \times S \times (E_p \times F(p))$$

式中，R_P 为大风灾害对人员安全影响的风险度，H 为大风危险性，S 为孕灾环境敏感性，E_P 为人口暴露性，$F(p)$ 为以人口密度 p 为输入参数的大风规避函数。在城市地区，人口密度越大的地区，建筑物越多，大风可规避性越强，其函数的输出系数则越小，导致的风险则越低，$F(p)$ 计算公式为：

$$F(p) = \frac{1}{\ln(e + p/100)}$$

在非城市地区，人口越多的地方，损失相对越大，不使用大风规避函数，即：

$$R_p = H \times S \times E_p$$

3.3.3.4　大风对经济影响的风险评估与区划

大风对社会经济影响的风险评估，以社会经济作为承灾体，大风对经济影响的风险评估方程为：

$$R = H \times S \times V$$

式中，R 为大风灾害对经济影响的风险度，H 为大风危险性，S 为孕灾环境敏感性，V 为社会经济的易损性指标，即易损度，社会经济易损度包括社会经济的暴露度(E)和脆弱性(F)，根据承灾体及灾情信息收集情况，暂不考虑承灾体脆弱性，仅使用承灾体暴露度表示，选取 GDP 代表社会经济的暴露度指标，即：

$$V = E$$

3.3.3.5　大风对农业影响的风险评估与区划

大风灾害对农业影响的风险评估，以农业作为承灾体。大风对经济影响的风险评估方程为：

$$R = H \times S \times V$$

式中，R 为大风灾害对农业影响的风险度，H 为大风危险性，S 为孕灾环境敏感性，V 为农业的易损性指标，即易损度，农业易损度包括其暴露度(E)和脆弱性(F)，根据承灾体及灾情信息收集情况，暂不考虑承灾体易损性，仅使用承灾体暴露度表示，选取农业用地面积比代表农业的暴露度指标，即：

$$V = E$$

3.4　冰雹

3.4.1　致灾过程确定技术方法

冰雹灾害过程的确定以国家级气象观测站观测数据为基础,收集整理形成包含降雹日期、降雹频次、降雹开始时间、降雹结束时间、降雹持续时间、降雹最大直径、降雹时极大风速等的冰雹灾害过程数据,在此数据基础上,利用本辖区地面观测、人工影响天气作业点、气象灾害年鉴、气象志、地方志以及相关文献中的冰雹记录,对基于国家级气象观测站的冰雹灾害过程数据进行核实、补充。内蒙古冰雹灾害风险评估与区划技术路线如图 3.8 所示。

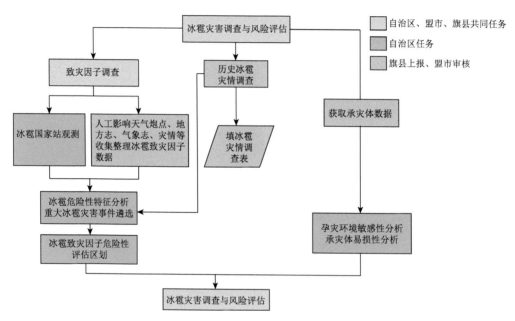

图 3.8　内蒙古冰雹灾害风险评估与区划技术路线

3.4.2　致灾因子危险性评估技术方法

3.4.2.1　冰雹危险性指数

参考《全国气象灾害综合风险普查技术规范－冰雹》及相关方案,主要考虑冰雹致灾因子调查中获取到能的够反映冰雹强度的参数进行计算和评估。选用最大冰雹直径、降雹持续时间、雹日(或降雹频次)进行加权求和,得到致灾因子危险性指数(V_E),即:

$$V_E = W_D X_D + W_T X_T + W_R X_R$$

式中,X_D 为最大冰雹直径样本平均值,X_T 为降雹持续时间样本平均值,X_R 为雹日(或降雹频次)样本累计值,W_D、W_T、W_R 分别为三个因子的权重,推荐权重比为 3∶2∶5,各权重系数之和为 1。最大冰雹直径样本平均值、降雹持续时间样本平均值、雹日(或降雹频次)样本累计值应先做归一化处理,前两者在时间序列样本中归一化,后者在空间样本中归一化。

将有量纲的致灾因子数值经过归一化变化，化为无量纲的数值，进而消除各指标的量纲差异。

归一化方法采用线性函数归一化方法，其计算公式为：

$$x' = \frac{x - x_{\min}}{x_{\max} - x_{\min}}$$

式中，x' 为归一化后的数据，x 为样本数据，$x_{\min}$ 为样本数据中的最小值，$x_{\max}$ 为样本数据中的最大值。

当用雹日计算危险性指数时，对于一个雹日有多次降雹的情况，致灾因子取一个雹日当中的最大值；当用降雹频次计算危险性指数时，各致灾因子取过程最大值。

3.4.2.2　冰雹危险性评估

基于计算的评估区域内冰雹危险性指数，结合周边旗（县）的危险性指数值，计算评估区域及周边区域的危险性指数平均值，根据表 3.9 的划分原则将冰雹灾害危险性划分为 4 个等级，绘制评估区域的冰雹灾害危险性等级空间分布图。

表 3.9　冰雹灾害危险性评估等级划分标准

危险性级别	级别含义	划分标准
1	高	$[2.5\,\overline{V_{\mathrm{E}}}, +\infty)$
2	较高	$[1.5\,\overline{V_{\mathrm{E}}}, 2.5\,\overline{V_{\mathrm{E}}})$
3	较低	$[\overline{V_{\mathrm{E}}}, 1.5\,\overline{V_{\mathrm{E}}})$
4	低	$[0, \overline{V_{\mathrm{E}}})$

3.4.2.3　孕灾环境敏感性

统计计算内蒙古自治区范围内 119 个国家级气象站通过普查得到的雹日与该站海拔高度的相关系数，并计算雹日与地形坡度的相关系数，经对比分析得出，内蒙古范围内雹日与坡度相关更好。因此，将坡度划分为不同的等级，对每个等级进行 0～1 的赋值来表征孕灾环境敏感性指数（V_{H}）。

3.4.3　风险评估与区划技术方法

结合致灾因子危险性指数（V_{E}）、孕灾环境敏感性指数（V_{H}）、承灾体易损性指数（V_{S}）采用加权求积，得到评估区域内的冰雹灾害风险评估指数

$$V = V_{\mathrm{E}}^{W_{\mathrm{E}}} \cdot V_{\mathrm{H}}^{W_{\mathrm{H}}} \cdot V_{\mathrm{S}}^{W_{\mathrm{S}}}$$

式中，W_{E}、W_{H}、W_{S} 分别为各指数权重，计算前各因子进行归一化处理，利用熵权法、专家打分法等确定权重。也可以采用推荐权重比 5：2：3，各权重系数之和为 1，各地可结合当地实际情况进行调整。此处 V_{E}、V_{H}、V_{S} 均为 0—1 的值，当权重越大时各指数影响反而越小。

3.4.3.1　对不同承灾体的风险评估

以经济为承灾体进行风险评估时，以地均 GDP 表征表露度，冰雹灾害直接经济损失占 GDP 的比重表征脆弱性。

以人口为承灾体进行风险评估时，以人口密度表征暴露度，冰雹灾害造成人员伤亡数占人口的比重表征脆弱性。

以农业为承灾体进行风险评估时,以玉米播种面积表征暴露度,以农业受灾面积占播种面积的比重表征脆弱性。

当无法获取冰雹造成的直接经济损失、人员伤亡、农作物受灾面积等数据时,则直接用承灾体暴露度表征其易损性。

3.4.3.2 风险区划技术方法

计算评估区域内冰雹风险指数的平均值 $\overline{V}$,根据表 3.10 的划分原则将冰雹灾害风险划分为 5 个等级,绘制评估区域的冰雹灾害风险等级空间分布图。

表 3.10 冰雹灾害风险评估等级划分标准

风险级别	级别含义	划分标准
1	高	$[2.5\overline{V}, +\infty)$
2	较高	$[1.5\overline{V}, 2.5\overline{V})$
3	中	$[\overline{V}, 1.5\overline{V})$
4	较低	$[0.5\overline{V}, \overline{V})$
5	低	$[0, 0.5\overline{V})$

根据中国气象局全国气象灾害综合风险普查工作领导小组办公室《关于印发气象灾害综合风险普查图件类成果格式要求的通知》(气普领发〔2021〕9号)对气象灾害受灾人口、GDP、农作物综合风险图色彩样式要求(表 3.11—表 3.13),绘制风险区划图。

表 3.11 气象灾害受灾人口综合风险图色彩样式

风险级别	色带	色值			
		C	M	Y	K
高		0	100	100	25
较高		15	100	85	0
中		5	50	60	0
较低		5	35	40	0
低		0	15	15	0

表 3.12 气象灾害 GDP 综合风险图色彩样式

风险级别	色带	色值			
		C	M	Y	K
高		15	100	85	0
较高		7	50	60	0
中		0	5	55	0
较低		0	2	25	0
低		0	0	10	0

表 3.13　气象灾害农作物综合风险图色彩样式

风险级别	色带	色值			
		C	M	Y	K
高		0	40	100	45
较高		0	0	100	45
中		0	0	100	25
较低		0	0	60	0
低		0	5	15	0

3.5　高温

　　为全面了解高温灾害致灾特点及规律,提升高温灾害监测评估能力,客观认识和评价高温灾害的危险性水平,减轻高温灾害对经济社会所造成的损失,对高温灾害风险进行普查。普查工作可为政府有效防治高温灾害、切实保障社会经济可持续发展提供权威的高温灾害危险性信息和科学决策依据。高温灾害风险评估与区划技术路线如图 3.9 所示。

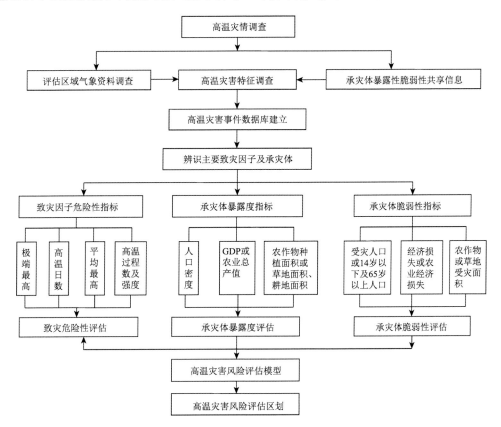

图 3.9　内蒙古高温灾害风险评估与区划技术路线

3.5.1 致灾过程确定技术方法

以单个国家级气象观测站日最高气温≥35 ℃的高温日为单站高温日。将连续 3 d 及以上最高气温≥35 ℃作为一个高温过程。高温过程首个/最后一个高温日是高温过程开始日/结束日。

3.5.2 致灾因子危险性评估技术方法

根据评估区域高温灾害特点,基于高温事件的发生强度、发生频率、持续时间、影响范围等,确定高温致灾因子。通过归一化处理、权重系数的确定,构建致灾危险性评估模型,计算危险性指数,对高温灾害危险性进行基于空间单元的危险性等级划分。

高温灾害致灾因子,包括高温过程持续时间和高温强度。高温强度可选取高温过程的极端最高气温、过程平均最高气温等。鄂尔多斯市东胜区根据当地高温灾害气候特点和影响、资料收集情况等选取极端最高气温、平均最高气温、高温日数、高温过程数及高温过程强度作为评估因子进行危险性评估,计算危险性指数,权重系数分别为 0.2、0.1、0.2、0.25、0.25,其中高温过程强度选取过程平均最高气温、过程持续日数作为评估因子进行等权重求和评估。高温灾害致灾危险性评估技术路线如图 3.10 所示。

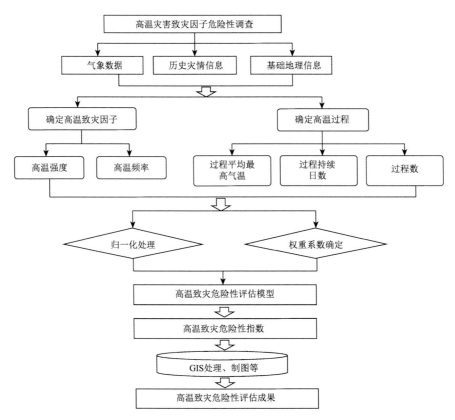

图 3.10 内蒙古高温灾害致灾危险性评估技术路线

3.5.3　风险评估与区划技术方法

3.5.3.1　承灾体暴露度评估

承灾体暴露度指人员、生计、环境服务和各种资源、基础设施以及经济、社会或文化资产处在有可能受不利影响的位置,是灾害影响的最大范围。

暴露度评估可采用评估范围内各旗(县)或各乡镇人口密度、地区生产总值(GDP)、农作物种植面积占土地面积的比重等经过标准化处理后作为高温暴露度的评价指标,开展承灾体暴露度评估,暴露度指数计算公式如下:

$$I_{vs} = \frac{S_E}{S}$$

式中,I_{vs} 为承灾体暴露度指标,S_E 为各旗(县)或各乡镇人口、地区生产总值(GDP)或主要农作物种植面积,S 为区域总面积。

对评价指标进行归一化处理,得到不同承灾体的暴露度指数。暴露度评估可根据承灾体数据调整。

根据高温承灾体共享数据获取情况,遴选地均人口密度、地均生产总值、农作物地均种植面积格网数据作为高温灾害人口、GDP 及农作物暴露度评价指标,采用线性函数归一化法对地均人口密度、地均 GDP、地均农作物种植面积格网数据进行归一化处理,开展高温灾害人口、GDP、农作物暴露度评估。

3.5.3.2　承灾体脆弱性评估

承灾体脆弱性指受到不利影响的倾向或趋势。一是承受灾害的程度,即灾损敏感性(承灾体本身的属性);二是可恢复的能力和弹性(应对能力)。

脆弱性评估工作视灾情信息获取情况开展。

高温灾害脆弱性评估可采用评估范围内各旗(县)或各乡镇受灾人口、直接经济损失、农作物受灾面积比例、14 岁以下及 65 岁以上人口比例等数据标准化后作为高温脆弱性评价指标。

以区划范围内各旗(县)或各乡镇受灾人口、直接经济损失、主要农作物受灾面积与各县或各乡镇总人口、国内生产总值、农作物种植总面积之比作为脆弱性评价指标为例,脆弱性指数计算方法如下:

$$V_i = \frac{S_v}{S}$$

式中,V_i 为第 i 类承灾体脆弱性指数,S_v 为各旗(县)或各乡镇第 i 类承灾体受灾人口、直接经济损失或受灾面积,S 为各旗(县)或各乡镇总人口、国内生产总值或农作物种植总面积(参照 QX/T 527—2019)。

对各评价指标进行归一化处理,得到不同承灾体的脆弱性指数。脆弱性评估可根据灾情信息处理结果做调整。

由于东胜区高温灾害受灾人口、直接经济损失、农作物受灾面积数据获取不理想,无法满足计算承灾体脆弱性的数据要求,因此东胜区高温灾害暂未开展灾害人口、GDP、农作物脆弱性评估。

3.5.3.3　高温灾害风险评估

根据高温灾害的成灾特征和风险评估的目的、用途,将致灾危险性指数、承灾体暴露度指数、承灾体脆弱性指数进行加权求积,建立风险评估模型,权重确定方法采用熵权法或专家打分法,计算风险评估指数。加权求积评估模型如下:

$$I_{HRI} = I_{VH} \times I_{VSI} \times I_{VE}$$

式中,I_{HRI} 为特定承灾体高温灾害风险评价指数,I_{VH} 为致灾因子危险性指数,I_{VSI} 为承灾体暴露度指数,I_{VE} 为脆弱性指数。若评估区域未获取到高温的受灾人口、直接经济损失、农作物受灾面积等数据,无法满足承灾体脆弱性评估的数据要求,则可直接将致灾危险性和承灾体暴露度进行加权求积,进行风险评估。

3.5.3.4 风险等级划分

根据高温灾害风险评估模型评估结果和评价指数的分布特征,可使用标准差法或自然断点分级法定义风险等级区间,将高温灾害风险划分为 1~5 共 5 个等级(表 3.14)。

表 3.14 高温灾害风险分区等级

等级	1	2	3	4	5
风险	高	较高	中	较低	低

标准差方法具体分级标准如下:

1 级:风险值≥平均值+σ;

2 级:平均值+0.5σ≤风险值<平均值+σ;

3 级:平均值−0.5σ≤风险值<平均值+0.5σ;

4 级:平均值−σ≤风险值<平均值−0.5σ;

5 级:风险值<平均值−1σ。

其中,风险值为风险评估结果指数,平均值为区域内非 0 风险指数均值,σ 为区域内非 0 风险值标准差。

评估区域亦可根据实际数据分布特征,对风险值最大值或最小值的分级标准进行适当调整。

3.5.3.5 风险区划

根据高温灾害风险评估结果,综合考虑地形、地貌,区域特征等,对高温灾害风险进行基于空间单元的划分。按照不同的色值(表 3.15—表 3.17)绘制风险区划图,完成高温灾害人口、GDP 及农作物风险区划。

表 3.15 高温灾害人口风险等级及色值

风险等级	级别含义	色值			
		C	M	Y	K
1	高	0	100	100	25
2	较高	15	100	85	0
3	中	5	50	60	0
4	较低	5	35	40	0
5	低	0	15	15	0

表 3.16　高温灾害 GDP 风险等级及色值

风险等级	级别含义	色值			
		C	M	Y	K
1	高	15	100	85	0
2	较高	7	50	60	0
3	中	0	5	55	0
4	较低	0	2	25	0
5	低	0	0	10	0

表 3.17　高温灾害农作物风险等级及色值

风险等级	级别含义	色值			
		C	M	Y	K
1	高	0	40	100	45
2	较高	0	0	100	45
3	中	0	0	100	25
4	较低	0	0	60	0
5	低	10	5	15	0

3.6　低温

为全面了解低温灾害致灾特点及规律,提升低温灾害监测评估能力,客观认识和评价低温灾害的危险性水平,减轻低温灾害对经济社会所造成的损失,对低温灾害风险进行普查。普查工作可为政府有效防御低温灾害、切实保障社会经济可持续发展提供权威的低温灾害危险性信息和科学决策依据(参考)。低温灾害风险评估与区划技术路线如图 3.11 所示。

3.6.1　致灾过程确定技术方法

3.6.1.1　冷空气(寒潮)致灾过程确定

单站冷空气判定:

冷空气过程识别方法依据《冷空气过程监测指标》(QX/T 393—2017),其强度分中等强度冷空气、强冷空气和寒潮:

(1)中等强度冷空气:单站 48 h 降温幅度≥6 ℃且<8 ℃的冷空气。

(2)强冷空气:单站 48 h 降温幅度≥8 ℃的冷空气。

(3)寒潮:单站 24 h 降温幅度≥8 ℃或单站 48 h 降温幅度≥10 ℃或单站 72 h 降温幅度≥12 ℃,且日最低气温≤4 ℃的冷空气。

冷空气持续 2 d 及以上,判定为出现一次冷空气过程。

3.6.1.2　霜冻害致灾过程确定

单站霜冻灾害判定:

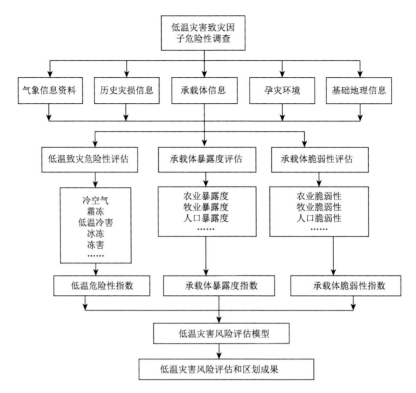

图 3.11 低温灾害风险评估与区划技术路线

参照内蒙古自治区地方标准《霜冻灾害等级》(DB 15/T 1008—2016),采用地面最低温度小于或等于 0 ℃的温度和出现日期的早、晚作为划分霜冻灾害等级的主要依据。气象站夏末秋初地面最低温度小于或等于 0 ℃时的第一日定为初霜日,春末夏初地面最低温度小于或等于 0 ℃时的最后一日定为终霜日。没有地面最低气温的站可参照《中国灾害性天气气候图集》,采用日最低气温≤2 ℃作为霜冻指标。

单站霜冻灾害等级划分:采用温度等级和初、终霜日期出现早(提前)、晚(推后)天数或正常(气候平均日期)的综合等级指标。

(1)温度等级划分

当气象站某年出现霜冻后,依据当日地面最低温度(T),将霜冻划分为 3 个等级,即 -1 ℃ <T≤0 ℃、-3 ℃<T≤-1 ℃、T≤-3 ℃。

(2)日期早、晚等级划分指标

以单站当年的初、终霜日比其气候平均日期早或晚的天数,将霜冻划分为 4 个等级,即:初霜日期比气候平均日期正常或晚 1~5 d、早 1~5 d、早 6~10 d、早 10 d 以上;终霜日期比其气候平均日期正常或早 1~5 d、晚 1~5 d、晚 6~10 d、晚 10 d 以上。

(3)单站霜冻灾害划分指标

依据温度等级和日期早晚等级划分指标,将霜冻灾害等级划分为 3 级,即:轻度、中度和重度。具体划分标准如表 3.18 和表 3.19 所示:

表 3.18 单站初霜冻灾害等级划分指标

日期早晚等级	温度等级		
	$-1<T\leqslant0$ ℃	$-3<T\leqslant-1$ ℃	$T\leqslant-3$ ℃
正常或晚 1~5 d	无	轻度	轻度
早 1~5 d	轻度	中度	重度
早 6~10 d	中度	中度	重度
早 10 d 以上	重度	重度	重度

表 3.19 单站终霜冻灾害等级划分指标

日期早晚等级	温度等级		
	$-1<T\leqslant0$ ℃	$-3<T\leqslant-1$ ℃	$T\leqslant-3$ ℃
正常或早 1~5 d	无	轻度	轻度
晚 1~5 d	轻度	中度	重度
晚 6~10 d	中度	中度	重度
晚 10 d 以上	重度	重度	重度

3.6.1.3 低温冷害致灾过程确定

指在作物生长发育期间,尽管日最低气温在 0 ℃以上,天气比较温暖,但出现较长时间的持续性低温天气或在作物生殖生长期间出现短期的强低温天气过程,日平均气温低于作物生长发育适宜温度的下限指标,影响农作物的生长发育和结实而引起减产的农业自然灾害。不同作物的各个生育阶段要求的最适宜温度和能够耐受的临界低温存在较大的差异,品种之间也不相同,所以低温对不同作物、不同品种及作物的不同生育阶段的影响存在较大差异。

单站低温冷害的判定指标:

(1)5—9 月≥10 ℃积温距平<−100 ℃·d(可根据实际进行调整)。

(2)5—9 月平均气温距平之和≤−3 ℃;作物生育期内月平均气温距平≤−1 ℃。

(3)作物生育期内日最低气温低于作物生育期下限温度并持续 5 d 以上。

低温冷害年等级划分指标:(1)轻度低温冷害,对植株正常生育有一定影响,造成产量轻度下降;(2)中度低温冷害,低温冷害持续时间较长,作物生育期明显延迟,影响正常开花、授粉、灌浆、结实率低,千粒重下降;(3)重度低温冷害,作物因长时间低温不能成熟,严重影响产量和质量。

3.6.1.4 冷雨湿雪致灾过程确定

指在连续降雨或者雨夹雪的过程中(或之后)伴随着较强的降温或冷风。

单站冷雨湿雪判定:

同时满足以下任一条件为一个冷雨湿雪日:

(1)日降水量≥5 mm,5 ℃<日平均气温≤10 ℃,日最低气温降幅≥6 ℃。

(2)日降水量≥5 mm,5 ℃<日平均气温≤10 ℃,6 ℃≥日最低气温降幅>4 ℃,风速≥4 m/s。

(3)日降水量≥5 mm,日平均气温≤5 ℃,日最低气温降幅≥4 ℃。

(4)日降水量≥5 mm,日平均气温≤5 ℃,4 ℃≥日最低气温降幅>2 ℃,风速≥2 m/s。

3.6.1.5　低温灾害致灾因子确定

基于上述标准识别的低温灾害事件,确定各类型低温灾害致灾因子,如过程持续时间(D)和强度,强度可选取过程平均气温(T_{ave})和过程极端最低气温(T_{Emin})、过程平均最低气温(T_{Amin})、过程最大降温幅度(ΔT_{max})、过程平均日照时数、过程累计降水量等(表3.20)。不同地区或盟(市)、旗(县)可根据灾情识别选取不同低温灾害致灾因子。

表 3.20　低温灾害致灾因子

低温灾害类型	危险性指标
冷空气(寒潮)	持续时间、过程最大降温幅度、过程极端最低气温等
霜冻	霜冻日数、霜冻开始和结束日日最低气温、霜冻期平均气温、霜冻期平均最低气温等
低温冷害	生育期月平均气温距平、≥10℃积温距平、5—9月平均气温距平、日最低气温低于作物生育期下限温度值、持续时间等
冷雨湿雪	持续时间、过程平均气温、过程累计降水量、过程平均风速等

3.6.2　致灾因子危险性评估技术方法

3.6.2.1　冷空气(寒潮)危险性指数计算公式如下:

$$H_{cold} = A \times D_{cold} + B \times \Delta T_{max} + C \times T_{Emin}$$

式中,H_{cold}为冷空气(寒潮)危险性指数;D_{cold}、ΔT_{max}、T_{Emin}分别是归一化后的3个致灾因子指数;A、B、C为权重系数。

3.6.2.2　霜冻危险性指数计算公式如下:

$$H_{frost} = A \times D_{frost} + B \times T_{ave} + C \times T_{Amin}$$

式中,H_{frost}为霜冻害危险性指数;D_{frost}、T_{ave}、T_{Amin}分别是归一化后的3个致灾因子指数;A、B、C为权重系数。

3.6.2.3　低温冷害危险性指数

$$H_{dwlh} = A \times \Delta T + B \times D_{dwlh}$$

式中,H_{dwlh}为低温冷害危险性指数;ΔT、D_{dwlh}分别是归一化后的两个致灾因子指数,即低温冷害发生时间段的平均气温距平、持续时间;A、B为权重系数。

3.6.2.4　冷雨湿雪指数计算公式如下:

$$H_{lysx} = A \times D_{lysx} + B \times \overline{T} + C \times P + D \times \overline{v}_{max}$$

式中,H_{lysx}为冷雨湿雪危险性指数;D_{lysx}、$\overline{T}$、P、$\overline{v}_{max}$分别是归一化后的4个致灾因子指数,即持续时间、过程平均气温、过程累计降水量、过程逐日风速的最大值;A、B、C、D为权重系数。

低温灾害涉及冷空气(寒潮)、霜冻、低温冷害、冷雨湿雪等灾害类型,结合鄂尔多斯市东胜区实际,选择了冷空气、霜冻和低温冷害作为主要低温灾害类型,分别计算各低温灾害危险性指数后,将各低温灾害危险性指数加权求和得到低温灾害危险性指数。低温灾害危险性计算公式如下:

$$H = \sum_{i=1}^{N} a_i \times X_i$$

式中,H 为低温灾害危险性指数,X_i 为第 i 种低温灾害(如冷空气、霜冻、低温冷害等)危险性指数值,a_i 为第 i 种低温灾害权重系数,可由熵权法、层次分析法、专家打分法或其他方法获得。利用小网格推算法,建立研究区境内气象站点低温致灾因子与海拔高度的回归方程,通过 GIS 空间分析法对危险性指数进行空间插值,制作各类低温灾害危险性评估图。

基于低温灾害危险性评估结果,综合考虑行政区划(气候区、流域等),对低温灾害危险性进行基于空间单元的划分。并根据危险性评估结果制作成果图片。根据低温灾害危险性指标值分布特征,可使用标准差等方法,将低温灾害危险性分为 4 级(表 3.21)。

表 3.21　低温灾害危险性等级划分标准

等级	划分标准
1	$\geqslant \text{ave} + \sigma$
2	$[\text{ave}, \text{ave} + \sigma)$
3	$[\text{ave} - \sigma, \text{ave})$
4	$< \text{ave} - \sigma$

注:ave 为区域内非 0 危险性指标值均值,σ 为区域内非 0 危险性指标值标准差。

3.6.3　风险评估与区划技术方法

3.6.3.1　暴露度评估

暴露度评估可采用区划范围内人口密度、地均 GDP、农作物种植面积比例、畜牧业所占面积比例等作为评价指标来表征人口、经济、农作物和畜牧业等承灾体暴露度。

以区划范围内承灾体数量或种植面积与总面积之比作为承灾体暴露度指标为例,暴露度指数计算方法如下:

$$I_{\text{VS}} = \frac{S_{\text{E}}}{S}$$

式中,I_{VS} 为承灾体暴露度指标,S_{E} 为区域内承灾体数量或种植面积,S 为区域总面积或耕地面积。对各评价指标进行归一化处理,得到不同承灾体的暴露度指数。

3.6.3.2　脆弱性评估

脆弱性评估可采用区域范围内低温灾害受灾人口、直接经济损失、受灾面积、灾损率等作为评价敏感性的指标来表征脆弱性。

以区域范围内受灾人口、直接经济损失、主要农作物受灾面积与总人口、国内生产总值、农作物总种植面积之比作为脆弱性指标为例,脆弱性指数计算方法如下:

$$V_i = \frac{S_V}{S}$$

式中,V_i 为第 i 类承灾体脆弱性指数,S_V 为受灾人口、直接经济损失或受灾面积,S 为总人口、国内生产总值或农作物种植总面积。对各评价指标进行归一化处理,得到不同承灾体的脆弱性指数。

3.6.3.3　风险评估

由于低温灾害涉及冷空气(寒潮)、霜冻、低温冷害、冷雨湿雪等灾害类型,结合东胜区实际,选择了冷空气、霜冻和低温冷害作为主要低温灾害类型,结合对不同承灾体暴露度和脆弱

性评估结果,基于低温灾害风险评估模型,分别对各类低温灾害开展风险评估工作。低温灾害风险评估模型如下:

$$R = H \times E \times V$$

式中,R 为特定承灾体低温灾害风险评价指数,H 为致灾因子危险性指数,E 为承灾体暴露度指数,V 为脆弱性指数。

依据风险评估结果,针对不同承灾体,使用标准差方法,定义风险等级区间,可将低温灾害风险按 5 级(表 3.22)。

表 3.22　低温灾害风险区划等级

等级	等级名称	划分标准
1	高	$\geqslant ave+\sigma$
2	较高	$[ave+0.5\sigma, ave+\sigma)$
3	中	$[ave-0.5\sigma, ave+0.5\sigma)$
4	较低	$[ave-\sigma, ave-0.5\sigma)$
5	低	$<ave-\sigma$

注:ave 为区域内非 0 风险指标值均值,σ 为区域内非 0 风险标准差。

3.7　雷电

以鄂尔多斯市东胜区为基本调查单元,采取全面调查和重点调查相结合的方式,利用监测站点数据汇集整理、档案查阅、现场勘查等多种调查技术手段,开展致灾危险性、承灾体暴露度、历史灾害和减灾资源(能力)等雷电灾害风险要素普查。运用统计分析、空间分析、地图绘制等多种方法,开展雷电灾害致灾危险性评估和综合风险区划(图 3.12)。

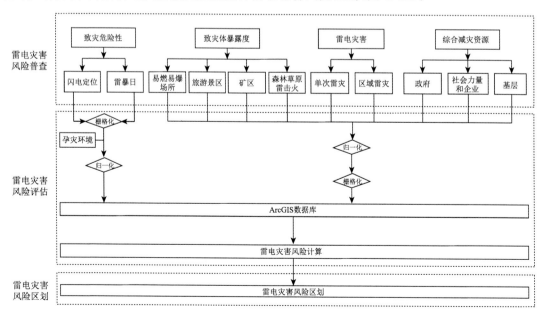

图 3.12　雷电灾害风险评估与区划技术路线

3.7.1　致灾过程确定技术方法

本次普查在对雷电灾害风险进行分析时,剔除雷电流幅值为 $0 \sim 2$ kA 和 200 kA 以上的雷电定位系统资料,仅考虑 $2 \sim 200$ kA 的雷电流分布情况。

3.7.2　致灾因子危险性评估技术方法

致灾危险性指数 R_H 主要选取雷击点密度 L_d、地闪强度 L_n、土壤电导率 S_c 和海拔高度 E_h、地形起伏度 T_r 5 个评价指标进行评价。将 5 个评价指标按照各自影响程度,采用加权综合评价法按照下面公式计算得到评价因子 R_H。

$$R_H = (L_d \times w_d + L_n \times w_n) \times (S_c \times w_s + E_h \times w_e + T_r \times w_t)$$

式中,R_H 为致灾危险性指数,L_d 为雷击点密度,w_d 为雷击点密度权重,L_n 为地闪强度,w_n 为地闪强度权重,S_c 为土壤电导率,w_s 为土壤电导率权重,E_h 为海拔高度,w_e 为海拔高度权重,T_r 为地形起伏,w_t 为地形起伏权重。

（1）雷击点密度

将行政区域范围划为 3 km×3 km 网格,利用克里金插值法将雷暴日数据和闪电定位数据加权综合得到雷击点密度。

（2）地闪强度

选取 2014—2020 年地闪定位数据资料,剔除雷电流幅值为 $0 \sim 2$ kA 和 200 kA 以上的地闪定位资料,按照表 3.23 确定的 5 个等级运用百分位数法分别计算出对应的电流强度阈值,对 5 个不同等级雷电流强度赋予不同的权重值,计算得出地闪强度栅格数据。

$$L_n = \sum_{i=1}^{5} \frac{i}{15} F_i$$

式中,L_n 为地闪强度,i 为雷电流幅值等级,F_i 为 i 级雷电流幅值等级的地闪频次。

表 3.23　雷电流幅值等级

等级	1	2	3	4	5
百分位数区间	(0,20%]	(20%,30%]	(30%,40%]	(40%,80%]	(80%,100%]
权重值	1/15	2/15	3/15	4/15	5/15

（3）土壤电导率

土壤电导率指标是对土壤电导率资料运用 GIS 软件提取重采样形成分辨率为 3 km×3 km 的土壤电导率栅格数据。

（4）海拔高度

海拔高度采用高程表示,直接从 DEM 数字高程数据中提取重采样形成分辨率为 3 km×3 km 的海拔高度栅格数据。

（5）地形起伏度

地形起伏度指标是以海拔高度栅格数据为基础,计算以目标栅格为中心、窗口大小为 8×8 的正方形范围内高程的标准差,得到地形起伏度的栅格数据。

（6）致灾危险性等级划分

按照层次分析法确定各因子的权重系数。根据致灾危险性指数(R_H)计算结果,按照自然断点法将危险性指数划分为4级,并绘制致灾危险性等级分布图。

3.7.3　风险评估与区划技术方法

雷电灾害风险评估与区划模型由雷电灾害风险指数计算和雷电灾害风险等级划分组成。雷电灾害风险指数由致灾因子危险性、承灾体暴露度等评价因子构成(图3.13)。

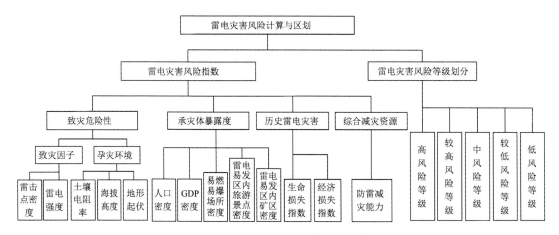

图3.13　雷电灾害风险评估与区划模型

3.7.3.1　承灾体暴露度指数

承灾体暴露度指数(R_E)主要选取人口密度(P_d)、GDP密度(G_d)、易燃易爆场所密度(I_d)和雷电易发区内矿区密度(K_d)、旅游景点密度(T_d)5个评价指标进行评价。将5个评价指标按照各自的影响程度,采用加权综合评价法按照下面公式计算得到评价因子(R_E)。

$$R_E = P_d \times w_p + G_d \times w_g + I_d \times w_i + K_d \times w_k + T_d \times w_j$$

式中:R_E为承灾体暴露度指数,P_d为人口密度,w_p为人口密度权重,G_d为GDP密度,w_g为GDP密度权重,I_d为易燃易爆场所密度,w_i为易燃易爆场所密度权重,K_d为雷电易发区内矿区密度,w_k为雷电易发区内矿区密度权重,T_d为旅游景点密度,w_j为旅游景点密度权重。

(1)人口密度

以人口除以土地面积,得到人口密度,提取重采样形成3 km×3 km的人口密度栅格数据。

(2)GDP密度

以GDP除以土地面积,得到地均GDP,提取重采样形成3 km×3 km的地均GDP栅格数据。

(3)易燃易爆场所密度

以辖区内易燃易爆场所的数量除以土地面积,得到易燃易爆场所密度,形成3 km×3 km的易燃易爆场所密度栅格数据。

(4)矿区密度

以辖区内矿区的数量除以土地面积,得到矿区密度,形成3 km×3 km的矿区密度栅格数据。

(5)旅游景点密度

以辖区内旅游景点的数量除以土地面积,得到旅游景点密度,形成3 km×3 km的旅游景点密度栅格数据。

3.7.3.2　承灾体脆弱性指数

承灾体脆弱性指数 R_F 主要选取生命损失 C_1、经济损失 M_1 和防护能力 P_c 3 个评价指标进行评价。将 3 个评价指标按照各自影响程度，采用加权综合评价法按照下面公式计算得到评价因子 R_F。

$$R_F = C_1 \times w_c + M_1 \times w_m + (1 - P_c) \times w_p$$

式中：R_F 为承灾体脆弱性指数；C_1 为生命损失，w_c 为生命损失权重；M_1 为经济损失，w_m 为经济损失权重；P_c 为防护能力，w_p 为防护能力权重。

（1）生命损失

统计单位面积上的年平均雷电灾害次数（单位为次/(km^2·a)）与单位面积上的雷击造成人员伤亡数（单位为人/(km^2·a)），并进行归一化处理。按照下面公式计算生命损失指数，形成 3 km×3 km 的生命损失指数栅格数据。

$$C_1 = 0.5 \times F + 0.5 \times C$$

式中，C_1 为生命损失指数，F 为年平均雷电灾害次数的归一化值，C 为年平均雷击造成人员伤亡数的归一化值。

（2）经济损失

统计单位面积上的年平均雷电灾害次数（单位为次/(km^2·a)与雷击造成直接经济损失（单位为万元/(km^2·a)），并进行归一化处理。按照下面公式计算经济损失指数，形成 3 km×3 km 的经济损失指数栅格数据。

$$M_1 = 0.5 \times F + 0.5 \times M$$

式中，M_1 为经济损失指数，F 为年平均雷电灾害次数的归一化值，M 为年平均雷击造成直接经济损失的归一化值。

（3）防护能力

防护能力 P_c 按照表 3.24 的要求进行赋值。

表 3.24　防护能力指数赋值标准

土地利用类型	建设用地	农用地	未利用地
防护能力指数	1.0	0.6	0.5

当选用政府、企业和基层减灾资源作为因子时，按照下面公式进行计算：

$$P_c = \frac{1}{n} \sum_{i=1}^{n} (J_{zi} \times w_{zi})$$

式中，J_{zi} 分别为各类减灾资源密度的归一化指数，w_{zi} 为权重，n 为所选因子的个数，i 为因子序号。

3.7.3.3　雷电灾害综合风险指数

雷电灾害综合风险指数计算按照下进行计算：

$$L_{DRI} = R_H^{w_h} \times (R_E^{w_e} \times R_F^{w_f})$$

式中：L_{DRI} 为雷电灾害综合风险指数；R_H 为致灾危险性指数，w_h 为致灾危险性权重；R_E 为承灾体暴露度，w_e 承灾体暴露度权重；R_F 为承灾体脆弱性，w_f 承灾体脆弱性权重。

注意：R_H、R_E 和 R_F 在风险计算时底数统一乘以 10。指标权重的计算方法按照层次分析法。

（1）雷电灾害 GDP 损失风险

当雷电灾害综合风险指数公式中承灾体暴露度（R_E）取 GDP 密度（G_d），承灾体脆弱性（R_F）取经济损失指数 M_1，并进行归一化处理后计算得到的风险指数值为雷电灾害 GDP 损失风险指数。

（2）雷电灾害人口损失风险

当雷电灾害综合风险指数公式中承灾体暴露度（R_E）取人口密度（P_d），承灾体脆弱性（R_F）取生命损失指数（C_1），并进行归一化处理后计算得到的风险指数值为雷电灾害人口损失风险指数。

（3）雷电灾害风险等级划分

依据雷电灾害风险指数大小，采用自然断点法，将雷电灾害风险划分为 5 级：高风险等级（Ⅰ）、较高风险等级（Ⅱ）、中风险等级（Ⅲ）、较低风险等级（Ⅳ）、低风险等级（Ⅴ）。

3.8 雪灾

内蒙古雪灾风险评估与区划技术路线如图 3.14 所示。

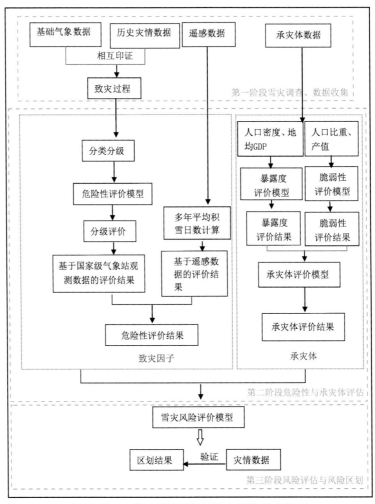

图 3.14 内蒙古雪灾风险评估与区划技术路线

3.8.1　致灾过程确定技术方法

据内蒙古雪灾历史灾情,内蒙古雪灾主要分 3 种:一是对牧区生产影响较大的雪灾,即白灾,冬季牧区如果降雪量过大、积雪过厚且积雪时间较长,牧草会被大雪掩埋,加之低温影响,牲畜食草困难,可能会冻饿而死。二是对设施农业、道路交通、电力设施影响较大的雪灾,即发生强降雪并形成积雪时,可能致使蔬菜大棚、房屋等被压垮或导致电力线路挂雪、倒杆,直至电力中断;或导致公路、铁路等交通阻断。三是地面形成积雪,方向难辨,加之降雪时能见度极差,造成人员或牲畜走失,或者造成交通事故。

综上所述,根据内蒙古雪灾致灾过程对承灾体的影响可将其分为 3 类,并可用以下阈值进行确定:当"连续积雪日数≥7 d"时确定为对牧区生产可能产生较大影响的致灾过程(类型 1(白灾));当"3 d≤连续积雪日数<7 d"且"降雪量≥10 mm"时确定为对设施农业、电力、交通可能产生较大影响的致灾过程(类型 2);当"1≤连续积雪日数<3 d"且"能见度<1000 m",确定为对交通可能影响较大,可能造成人员和牲畜走失的致灾过程(类型 3)(表 3.25)。

根据表 3.25 中的阈值,结合相关气象数据,筛选内蒙古雪灾致灾过程,统计内蒙古的雪灾致灾过程信息,包括开始和结束时间、累计降雪量、最大积雪深度、积雪日数、降雪日数、最低气温、最大风速等。所筛选的致灾过程结合所调查的历史灾情进行审核、补充、完善,形成最终的内蒙古雪灾致灾过程数据集。在审核筛选的雪灾致灾过程中,结合中国雪深长时间序列集和中国 1980—2020 年雪水当量 25 km 逐日产品两种遥感数据产品进行审核。

表 3.25　内蒙古雪灾致灾过程分类及阈值确定

	连续积雪日数/d	过程最大累计降雪量/mm	过程最小能见度/m
类型 1(白灾,对牧区生产影响较大)	≥7		
类型 2(对设施农业、交通和电力设施影响较大)	[3,7)	≥10	
类型 3(对交通影响较大,可能造成牲畜和人员走失,或者造成交通事故)	[1,3)		<1000

3.8.2　致灾因子危险性评估技术方法

3.8.2.1　基于国家级气象站观测数据的雪灾危险性指数

致灾因子危险性指致灾因子的危险程度,本次评估考虑从强度和频率两方面来考虑评估这种危险程度,所建立的致灾因子危险性评估模型如下:

$$D = \sum_{i=1}^{n} F_i \times Q_i$$

式中,D 代表雪灾致灾因子危险性指数,对雪灾致灾过程进行分级,假设分为 n 级,则第 i 级致灾过程强度值为 Q_i,其出现频率为 F_i,Q_i 的计算公式为:

$$Q_i = i \bigg/ \sum_{i=1}^{n} n$$

内蒙古雪灾致灾过程分为 3 种类型,每种类型致灾过程强度分级如表 3.26—表 3.28 所示。

表 3.26 类型 1 致灾过程强度等级划分

	积雪日数/d				
	≤30	(30,60]	(60,90]	(90,120]	>120
等级	5	4	3	2	1
致灾过程强度值	1/15	2/15	3/15	4/15	5/15

表 3.27 类型 2 致灾过程强度等级划分

	降雪量/mm			
	(10,15]	(15,20]	(20,25]	>25
等级	4	3	2	1
致灾过程强度值	1/10	2/10	3/10	4/10

表 3.28 类型 3 致灾过程强度等级划分

	降雪量/mm		
	≤3	(3,5]	(5,10]
等级	3	2	1
致灾过程强度值	3/6	2/6	1/6

3 种类型的危险性评估指数和综合性评估指数分别如下：

$$D_1 = F_{11} \times Q_{11} + F_{12} \times Q_{12} + F_{13} \times Q_{13} + F_{14} \times Q_{14} + F_{15} \times Q_{15}$$
$$D_2 = F_{21} \times Q_{21} + F_{22} \times Q_{22} + F_{23} \times Q_{23} + F_{24} \times Q_{24}$$
$$D_3 = F_{31} \times Q_{31} + F_{32} \times Q_{32} + F_{33} \times Q_{33}$$
$$D_s = W_1 \times D_1 + W_2 \times D_2 + W_3 \times D_3$$

式中，D_s 代表基于国家级气象站观测数据的雪灾致灾因子危险性指数，D_1、D_2、D_3 分别为类型 1、类型 2、类型 3 的危险性指数，W_1、W_2、W_3 为 3 种类型致灾过程出现频率。$F_{11} \sim F_{33}$ 为不同类型致灾过程各等级出现频率；$Q_{11} \sim Q_{33}$ 为不同类型致灾过程各等级强度值，从 5 级至 1 级逐渐增大。

3.8.2.2 结合遥感数据的雪灾危险性指数

鄂尔多斯市东胜区只有 1 个国家级气象站，如果只依靠国家级气象站观测数据开展雪灾致灾因子危险性评估，即使评估结果可靠，也无法进行本区域危险性等级划分，因此需结合与积雪有关的遥感数据建立评估模型。以往研究显示：积雪的初日越早、终日越迟的地方，即积雪期越长的地方，发生雪灾的概率越高。因此，考虑在雪灾危险性评价模型中加入积雪概率这一指标。将以气象站为基础计算出的雪灾危险性指数与积雪概率进行归一化加权，以熵值法确定各自的权重，形成综合的致灾因子危险性指数，公式如下：

$$D_c = W_s \times D_s + W_r \times D_r$$

式中，D_c 为结合遥感数据的雪灾致灾危险性指数，D_s 为基于国家气象站观测数据的雪灾危险性指数，D_r 为基于遥感数据的雪灾危险性指数，W_s、W_r 分别为 D_s、D_r 的权重。

采用欧洲航天局积雪概率数据(栅格数据，空间分辨率为 1 km)，计算得到内蒙古年平均积雪日数的空间分布，将其归一化后即得到基于遥感数据的雪灾致灾因子危险性指数。根据危险性指标值分布特征,使用自然断点法将危险性分为高、较高、较低、低 4 个等级。

3.8.3　风险评估与区划技术方法

3.8.3.1　雪灾承灾体评估

承灾体主要包括人口、国民经济(表 3.29)。评估内容包括承灾体暴露度和脆弱性。

表 3.29　承灾体暴露度和脆弱性因子

承灾体	暴露度因子	脆弱性因子	脆弱性因子权重
人口	人口密度	14 岁以下及 65 岁以上人口数比重	人口受灾率
国民经济	地均 GDP	第一产业产值比重	直接经济损失率

统计脆弱性因子指标时,在雪灾灾情等资料较为完善,可获取的前提下可考虑脆弱性因子权重;如灾情数据无法获取,则只考虑承灾体暴露度。

针对不同承灾体,不同地级市分别拥有一个脆弱性因子权重,以地级市为单元统计受灾率。统计单元内的承灾体指标(B)计算公式为:

$$B = E \times (V \times W)$$

式中,E 为暴露度,V 为脆弱性,W 为脆弱性权重。

3.8.3.2　雪灾风险评估与区划

根据统计单元内致灾因子危险性指标(H)、承灾体指标(B),统计针对各承灾体的危险性指标(R),雪灾风险评估模型如下:

$$R = H \times B$$

针对不同承灾体,根据风险指标值分布特征,使用自然断点法将雪灾风险分为高、较高、中、较低、低共 5 个等级。

3.8.4　其他技术方法

归一化方法和权重确定方法参阅 3.2.4。

3.9　沙尘暴

根据沙尘暴灾害的形成机理,将沙尘暴灾害风险分析指标分为 3 个:

(1)存在诱发沙尘暴灾害的因素即致灾因子指标;

(2)形成沙尘暴灾害的环境即孕灾环境指标;

(3)沙尘暴影响区有人类的居住或分布有社会财产即承灾体指标。

其中致灾因子的危险性和孕灾环境的稳定性构成了沙尘暴灾害风险发生的可能性,承灾体的脆弱性构成了沙尘暴灾害发生可能的损失。沙尘暴灾害风险是致灾因子危险性、孕灾环境敏感性和承灾体易损性综合作用的结果,沙尘暴灾害风险函数可表示为:

$$沙尘暴灾害风险指标 = f(危险性,敏感性,易损性)$$

致灾因子危险性、孕灾环境敏感性和承灾体的易损性 3 个评价因子则选择相应的评价指标计算得到。

根据风险评估结果,综合考虑地形地貌、区域性特征等,对沙尘暴灾害风险进行区划,沙尘暴灾害风险与区划技术流程如图 3.15 所示。

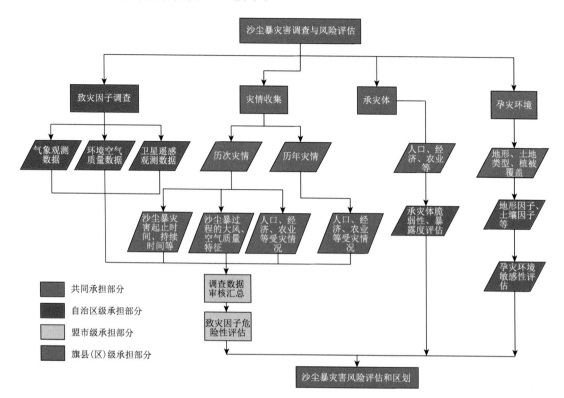

图 3.15　内蒙古沙尘暴风险评估与区划技术流程

3.9.1　致灾过程确定技术方法

收集调查区域内历年沙尘暴灾害过程频次以及历次沙尘暴灾害致灾因子基本情况,包括沙尘暴起止时间、种类(如沙尘暴、强沙尘暴、特强沙尘暴、扬沙、浮尘)以及灾害发生地经度、纬度,影响范围等。

3.9.2　致灾因子危险性评估技术方法

3.9.2.1　致灾因子定义与识别

致灾因子的危险性是指造成灾害的变异程度,主要是由灾变活动的规模(强度)和活动频次(概率)决定的。一般灾害强度越大,频次越高、能见度越低、气溶胶浓度越高,灾害所造成的破坏损失越严重。

选择发生沙尘天气(含沙尘暴、强沙尘暴、特强沙尘暴、扬沙、浮尘)年平均日数、沙尘暴的年平均日数、最大或极大风速平均值、最低水平能见度、气溶胶光学厚度平均值(可选)和环境空气质量 PM_{10} 日均最大值(可选)作为沙尘暴灾害致灾因子的危险性评估指标。

3.9.2.2　沙尘暴灾害的危险性评估指数(H)

根据沙尘暴天气等级国家标准(GB/T 20480—2006),将沙尘天气分为浮尘、扬沙、沙尘暴、强沙尘暴和特强沙尘暴 5 个等级。依据不同等级沙尘暴的判别标准(表 3.30),统计东胜区 1978—2020 年浮尘、扬沙、沙尘暴、强沙尘暴、特强沙尘暴分别出现的日数。

表 3.30　沙尘暴等级划分标准

等级	能见度
浮尘	<10 km
扬沙	1~10 km
沙尘暴	<1 km
强沙尘暴	<500 m
特强沙尘暴	<50 m

用各个站一年内沙尘暴日数作为频次信息,频次统计单位为 d/a,根据沙尘暴强度等级越高,沙尘暴日数越多,沙尘暴发生越频繁,对灾害形成所起的作用越大的原则,各评价因子和评价指标进行归一化处理,其权重大小根据层次分析法或熵值法确定。

最后构建不同强度等级沙尘暴出现频次危险性指数(P),如公式所示。

$$P = w_A \times S_A + w_B \times S_B + w_C \times S_C + w_D \times S_D + w_E \times S_E$$

式中,P 为不同强度等级沙尘暴出现频次危险性指数;S_A 为特强沙尘暴出现频次的标准化值,w_A 为其所占权重;S_B 为强沙尘暴出现频次的标准化值,w_B 为其所占权重;S_C 为沙尘暴出现频次的标准化值,w_C 为其所占权重;S_D 为扬沙出现频次的标准化值,w_D 为其所占权重;S_E 为浮尘出现频次的标准化值,w_E 为其所占权重。

选取最大或极大风速平均值(强度,单位:m/s)、最低水平能见度(单位:km)、气溶胶光学厚度平均值(可选)、环境空气质量 PM_{10} 日均最大值(可选)表示各个站点每年沙尘暴日的强度信息。

采用熵权法确定强度和频次的权重,3 个(可加选为 4 个或 5 个指标因子)指标进行归一化处理后通过加权相加后得到沙尘暴灾害致灾因子的危险性评估指数(H)。计算公式为:

$$H = w_P \times P + w_G \times G + w_V \times V + w_A \times A + w_M \times M$$

式中,H 为沙尘暴灾害致灾因子的危险性评估指数;P 为不同强度等级沙尘暴出现频次危险性指数,w_P 为其所占权重;G 为最大或极大风速平均值的标准化值,w_G 为其所占权重;V 为最低水平能见度的标准化值,w_V 为其所占权重;A 为气溶胶光学厚度的标准化值,w_A 为其所占权重;M 为环境空气质量 PM_{10} 日均最大值的标准化值,w_M 为其所占权重。

根据沙尘暴灾害致灾因子危险性指数分布特征,可使用标准差等方法,将沙尘暴灾害致灾因子危险性分为 4 个等级(表 3.31)。

表 3.31　沙尘暴灾害危险性等级划分标准

等级	等级含义	划分标准
1	高	$\geq ave+\sigma$
2	较高	$[ave, ave+\sigma)$
3	较低	$[ave-\sigma, ave)$
4	低	$< ave-\sigma$

注:ave 为区域内非 0 危险性指标平均值,σ 为区域内非 0 危险性指标标准差。

3.9.3 风险评估与区划技术方法

3.9.3.1 孕灾环境敏感性评估

沙尘暴孕灾环境主要指地形、土地类型、植被覆盖等因子对沙尘暴灾害形成的综合影响。内蒙古沙尘暴孕灾环境基于下垫面条件,考虑沙化土地面积、土地利用类型、植被覆盖度3个因子的相对影响,采用信息熵赋权法、层次分析法或专家打分法对各指标赋权重,进而更好地开展孕灾环境敏感性的评估。

(1)沙化土地面积

内蒙古是全国荒漠化和沙化土地最为集中、危害最为严重的省(区)之一。全区荒漠化土地面积9.14亿亩[①],占全国荒漠化土地面积的23.3%;沙化土地面积6.12亿亩,占全国沙化土地面积的23.7%。全区境内分布有巴丹吉林、腾格里、乌兰布和、库布其四大沙漠和毛乌素、浑善达克、科尔沁、呼伦贝尔四大沙地。沙化土地遍布全区12个盟(市)的91个旗(县)。退化的土地,裸露的地表,冬、春季土壤表层缺乏保护,为风沙天气的出现提供了有利条件。

(2)土地利用类型

土地利用类型(表3.32)反映了土地的经济状态,是土地利用分类的地域单元。通过研究和划分土地利用类型,一可查清各类用地的数量及其地区分布,评价土地的质量和发展潜力;二可阐明土地利用结构的合理性,揭示土地利用存在的问题,为合理利用土地资源,调整土地利用结构和确定土地利用方向提供依据。

表 3.32 土地利用类型

一级分类	二级分类
耕地	旱地
林地	有林地
	灌木林
	疏林地及其他林地
草地	高覆盖度草地
	中覆盖度草地
	低覆盖度草地
水域	水域
建设用地	城镇用地
	农村居民用地
	其他建设用地
未利用土地	沙地
	盐碱地
	裸地及其他

---

① 1亩$=\frac{1}{15}$ hm^2。

（3）植被覆盖度

应用线性混合模型计算植被覆盖度：

$$f_c = (NDVI - NDVI_{min})/(NDVI_{max} - NDVI_{min})$$

式中，f_c 为植被覆盖度，NDVI 为归一化植被指数，$NDVI_{max}$ 和 $NDVI_{min}$ 分别为 NDVI 最大值和最小值。

（4）沙尘暴孕灾环境影响系数

沙尘暴孕灾环境影响系数的计算公式如下：

$$I_e = w_s S_s + w_1 S_1 + w_c f_c$$

式中，I_e 为沙尘暴孕灾环境影响系数，S_s 为沙化土地面积系数，S_1 为土地利用类型系数，f_c 为植被覆盖度系数；w_s、w_1、w_f 分别为上述几项的权重，总和为 1。

3.9.3.2　沙尘暴灾害风险评估

沙尘暴实际造成危害的程度与承灾体暴露度和脆弱性有关。同等强度的沙尘暴，发生在人口和经济暴露度高、脆弱性高的地区造成的损失往往要比发生在人口和经济暴露度低、脆弱性低的地区大得多，灾害风险也相应偏大。

（1）主要承灾体暴露度

暴露度评估可采用区域范围内人口密度、地均 GDP 等作为评价指标（E），表征人口、经济等承灾体的暴露度。选取承灾体人口、经济进行暴露度分析的具体指标如下：

①人口暴露：该地区常住人口密度；

②经济暴露度：该地区 GDP 密度。

为了消除各指标的量纲差异，对人口暴露度、经济暴露度进行归一化处理。

（2）主要承灾体脆弱性

脆弱性评估可采用区域范围内沙尘暴灾害受灾人口、直接经济损失、受灾面积、灾损率等作为评价敏感性的指标来表征脆弱性。

选取承灾体人口、经济进行脆弱性分析的具体指标如下：

①人口脆弱性：因沙尘暴灾害造成的死亡人口和受灾人口占区域总人口比例；

②经济脆弱性：因沙尘暴灾害造成的直接经济损失占区域 GDP 的比例。

为了消除各指标的量纲差异，对人口脆弱性、经济脆弱性进行归一化处理，得到不同承灾体的脆弱性指数。

脆弱性指数计算方法如下：

$$V_i = \frac{S_v}{S}$$

式中，V_i 为第 i 类承灾体脆弱性指数，S_v 为受灾人口、直接经济损失或受灾面积，S 为总人口、国内生产总值。

（3）灾害风险评估

结合对不同承灾体暴露度和脆弱性评估结果，基于沙尘暴灾害风险评估模型，对沙尘暴灾害开展风险评估工作，同时基于沙尘暴灾害的危险性指数和孕灾环境敏感指数，对沙尘暴灾害整体开展风险评估工作。根据沙尘暴灾害风险形成原理及评价指标体系，分别将致灾危险性、承灾体暴露度和承灾体脆弱性各指标进行归一化，再加权综合，建立风险评估模型如下：

$$R = H \times S \times E \times V$$

式中,R 为特定承灾体沙尘暴灾害风险评价指数,H 为致灾因子危险性指数,S 为孕灾环境敏感性指数,E 为承灾体暴露度指数,V 为脆弱性指数。

依据风险评估结果,针对不同承灾体,使用标准差方法定义风险等级区间,可将沙尘暴灾害风险划分为 5 级(表 3.33)。

表 3.33　沙尘暴灾害风险区划等级

等级	含义	标准
1	高	$\geqslant ave+\sigma$
2	较高	$[ave+0.5\sigma, ave+\sigma)$
3	中	$[ave-0.5\sigma, ave+0.5\sigma)$
4	较低	$[ave-\sigma, ave-0.5\sigma)$
5	低	$<ave-\sigma$

注:ave 为区域内非 0 风险指标平均值,σ 为区域内非 0 风险标准差。

第 4 章　致灾危险性分析与评估

4.1　暴雨

　　经统计分析鄂尔多斯市东胜区 1961—2020 年的暴雨过程和致灾因子特征、历史灾情特征等,对鄂尔多斯市东胜区暴雨致灾危险性调查数据进行整理总结,了解暴雨的发生强度和频次,为本地区暴雨的危险性评估提供研究基础。

4.1.1　致灾因子特征分析

4.1.1.1　多年平均月降水量

　　鄂尔多斯市东胜区 1961—2020 年 3—10 月多年平均月降水量如图 4.1 所示,可以看出,鄂尔多斯市东胜区降水集中在 6—8 月,6—8 月的降水量约占鄂尔多斯市东胜区年降水量的65%。其中降水集中月份为 8 月,该月降水量约占鄂尔多斯市东胜区 3—10 月多年平均降水量的 28%。

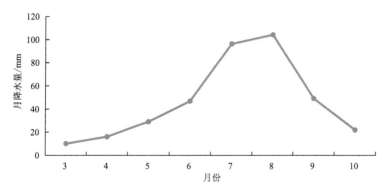

图 4.1　鄂尔多斯市东胜区 1961—2020 年 3—10 月平均降水量

4.1.1.2　多年雨季降水量

　　鄂尔多斯市东胜区 1961—2020 年雨季(6—9 月)降水量介于 123.8 mm(2005 年)和591.5 mm(1961 年)之间。60 年间鄂尔多斯市东胜区雨季降水量呈基本持平趋势(图 4.2)。

　　鄂尔多斯市东胜区 1961—2020 年雨季(6—9 月)月最大降水量如图 4.3 所示,可以看出,鄂尔多斯市东胜区雨季降水量最大值出现在 8 月,可达 243.2 mm,其次是 7 月,达 199.8 mm,6 月和 9 月的月降水量也较大,均在 130 mm 以上。

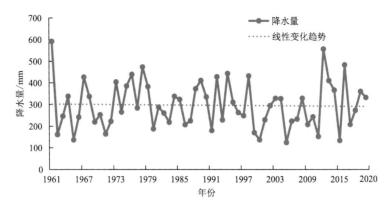

图 4.2 鄂尔多斯市东胜区 1961—2020 年雨季(6—9 月)月降水量

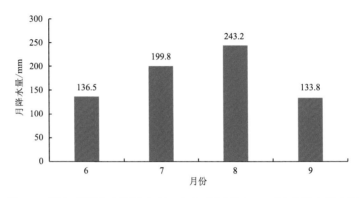

图 4.3 鄂尔多斯市东胜区 1961—2020 年雨季(6—9 月)月最大降水量

4.1.1.3 年暴雨日数及频次

从鄂尔多斯市东胜区 1961—2020 年暴雨日数和频次(图 4.4)可以看出,鄂尔多斯市东胜区年暴雨日数多为 1～2 d,仅有 1 a 达到 3 d。60 a 中年暴雨日数为 1 d 的共有 16 a,约占总暴雨日数的 27%;年暴雨日数在 2 d 及以上有 9 a,约占 15%;35 a 未出现暴雨,约占 58%。

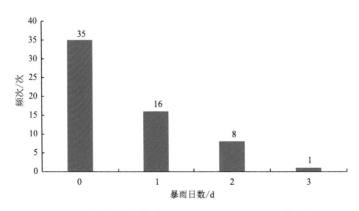

图 4.4 鄂尔多斯市东胜区 1961—2020 年暴雨日数和频次

从鄂尔多斯市东胜区 1961—2020 年年降水距平百分率和年暴雨日数(图 4.5)可以看出,鄂尔多斯市东胜区年降水和年暴雨日数均无明显变化趋势,其中 1961 年的年降水距平百分率和年暴雨日数均为最大,分别为 93% 和 3 d。

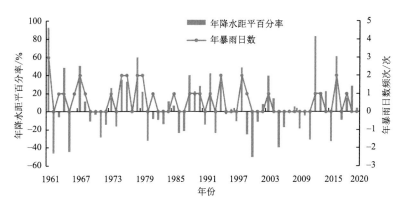

图 4.5　鄂尔多斯市东胜区 1961—2020 年年降水距平百分率和年暴雨日数

4.1.1.4　年最大日降水量

从鄂尔多斯市东胜区 1961—2020 年年最大日降水量(图 4.6)可以看出,鄂尔多斯市东胜区年最大日降水量呈略减少趋势。年最大日降水量发生在 1961 年 8 月 21 日,为 147.9 mm,其次是 1989 年 7 月 21 日,为 133.4 mm。

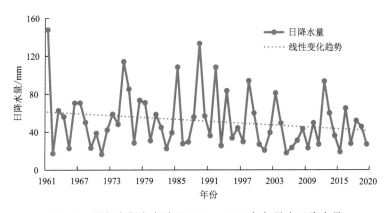

图 4.6　鄂尔多斯市东胜区 1961—2020 年年最大日降水量

4.1.1.5　暴雨过程和致灾因子特征分析

鄂尔多斯市东胜区 1961—2020 年共出现 35 次暴雨过程,其中 1961 年出现 3 次,1967年、1975 年、1976 年、1978 年、1979 年、1994 年、1998 年和 2016 年均出现 2 次,出现 1 次暴雨过程的年份有 16 a,其余年份均未出现暴雨过程。根据最大过程降水量分析,1961 年 8 月 21 日暴雨过程降水量达到最大,为 147.9 mm;其次是 1989 年 7 月 21 日,过程降水量为 133.4 mm。根据 3 h 最大降水量分析,1989 年 7 月 21 日的 3 h 最大降水量达到最大,为 108.4 mm,且占过程降水量的 81%;其次是 2003 年,为 74.8 mm,占过程降水量的 92%(图 4.7)。

鄂尔多斯市东胜区暴雨过程主要发生在 7—8 月,其中 8 月出现的暴雨过程次数最多,为 15 次,约占 43%;其次是 7 月,出现 13 次,约占 37%。最大过程降水量出现在 8 月,达 147.9 mm; 3 h 最大降水量出现在 7 月,达 108.4 mm(图 4.8)。

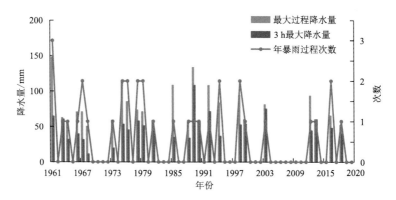

图 4.7　鄂尔多斯市东胜区年 1961—2020 年暴雨过程次数、
最大过程降水量及 3 h 最大降水量

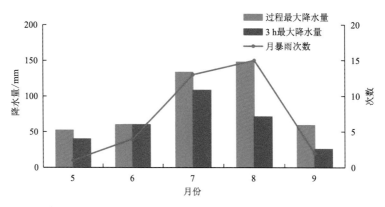

图 4.8　鄂尔多斯市东胜区 1961—2020 年月暴雨过程次数、
最大过程降水量及 3 h 最大降水量

4.1.2　致灾危险性评估

从图 4.9 可以看出,鄂尔多斯市东胜区暴雨致灾危险性总体呈"东高西低"分布,与东胜区年雨涝指数分布特征一致。其中暴雨灾害危险性等级较高的区域主要位于城区及铜川镇中南部、罕台镇和泊尔江海子镇东部地区,等级较低的区域主要位于泊尔江海子镇西部地区和铜川镇偏北地区。

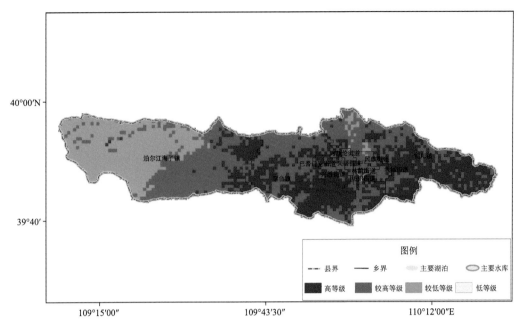

图 4.9　鄂尔多斯市东胜区暴雨灾害危险性等级

4.2　干旱

4.2.1　致灾因子特征分析

根据鄂尔多斯市东胜区 1961—2020 年干旱致灾因子的统计分析,主要从出现气象干旱过程次数、年干旱过程发生次数、过程最长连续无降水日数、过程强度等级等着手,对鄂尔多斯市东胜区干旱天气的致灾因子特征进行分析,为危险性评估等提供依据。

4.2.1.1　干旱过程总次数变化

经统计分析,鄂尔多斯市东胜区 1961—2020 年中有 50 a 发生气象干旱过程,共计出现干旱过程 60 次,年干旱过程发生多次以上的年份有 1972 年、1975 年、1978 年、1982 年、1984 年、1985 年、1986 年、1987 年、1989 年和 2008 年,过程最长连续无降水日数为 25 d(1977、1986 年、1992 年、2009 年)～32 d(1968 年)。过程强度等级以弱干旱过程为主,共发生 27 次,占总次数的 45%;较强、强和特强干旱过程分别发生 18 次、10 次和 5 次,分别占干旱过程总次数的 30%、17% 和 8%(图 4.10)。

4.2.1.2　干旱过程降水量及降水距平百分率变化

经统计分析,如图 4.11 所示多数干旱过程在结束前,至少经历过一次明显的降水过程;部分干旱过程由于旱情强度轻,小的降水过程对旱情有所缓解。

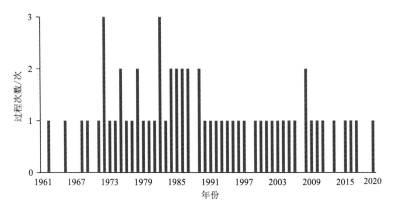

图 4.10　鄂尔多斯市东胜区 1961—2020 年干旱过程总次数变化

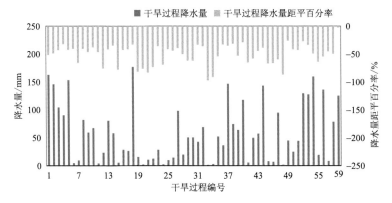

图 4.11　鄂尔多斯市东胜区历次干旱过程降水量及降水量距平百分率变化

4.2.1.3　干旱过程平均气温距平变化

经统计分析,由于降水时空分布不均,且多为阵性降水,加之气温偏高,发生严重的阶段性干旱,部分过程气温偏高 1.0~4.0 ℃(图 4.12)。

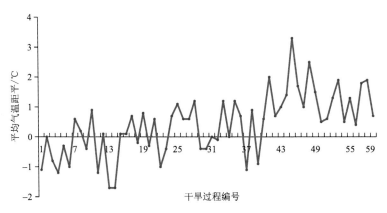

图 4.12　鄂尔多斯市东胜区历次干旱过程平均气温距平变化

4.2.1.4　干旱期间降水量及日数变化

从鄂尔多斯市东胜区 1961—2020 年降水量变化(图 4.13)可以看出,年降水量为 181.0 mm(2000 年)～709.7 mm(1961 年),最长连续干旱日数为 193 d(1962 年)。年平均轻旱日数为 37 d,最多为 90 d(1986 年);年平均中旱日数为 22 d,最多为 82 d(1971 年);年平均重旱日数平均每年出现 11 d,最多为 69 d(2000 年);特旱日数平均每年出现 4 d,最多为 52 d(1962 年)。干旱过程发生频率为 1.0 次/a,其中轻旱过程 0.5 次/a、中旱过程 0.3 次/a、重旱过程 0.2 次/a、特重旱过程 0.1 次/a(图 4.14)。

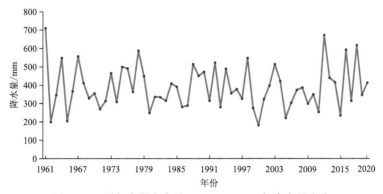

图 4.13　鄂尔多斯市东胜区 1961—2020 年降水量变化

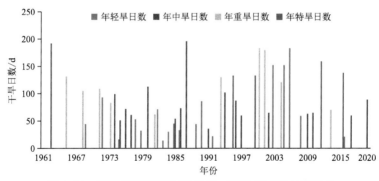

图 4.14　鄂尔多斯市东胜区 1961—2020 年干旱日数变化

4.2.1.5　干旱总日数历年变化

经统计分析,东胜区干旱日数总体呈波动变化趋势(图 4.15)。其中,干旱日数 100～200 d 的出现在 1962 年、1968 年、1971 年、1993 年、1995 年、2000 年、2005 年、2011 年、2015 年;干旱日数 50 d(包括 50 d)～100 d 的有 18 a。1962 年干旱日数最多,为 193 d;2018 年干旱日数最少,为 3 d;1964 年、1990 年、1998 年、2003 年、2014 年未出现干旱。

4.2.2　致灾危险性评估

东胜区地处鄂尔多斯高原中东部,地势西高东低,降水量分布不均,蒸发量大,根据气象干旱灾害危险性区划等级图如图 4.16 所示,干旱灾害危险性等级由东向西递增,铜川镇中部地区、罕台镇偏东部分街道、泊尔江海子偏东地区为危险性低等级,泊尔江海子大部地区、罕台镇偏西部分地区、铜川镇偏北地区为较低等级。

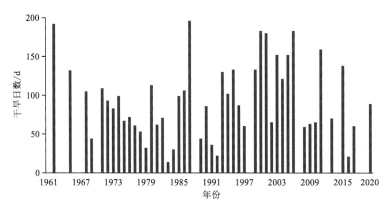

图 4.15　鄂尔多斯市东胜区 1961—2020 年干旱日数历年变化

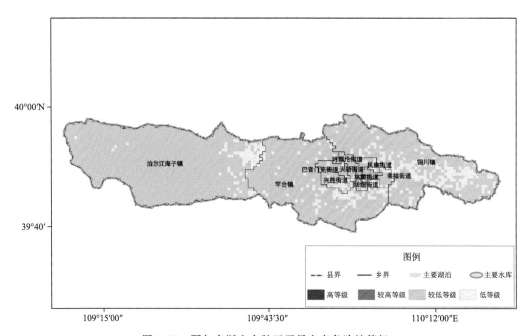

图 4.16　鄂尔多斯市东胜区干旱灾害危险性等级

4.3　大风

4.3.1　致灾因子特征分析

4.3.1.1　大风日数年变化特征

经统计分析,鄂尔多斯市东胜区 1961—2020 年大风日数年变化如图 4.17 所示,年平均大风日数为 8.1 d,1965 年大风日数最多,为 95 d;1962—1967 年大风日数明显偏多,年大风日数均大于 50 d;2011 年未出现大风。1961—1965 年年大风日数有明显上升趋势;1966—2020 年大风日数有所起伏,但整体较之前有明显减少,总体呈下降趋势。

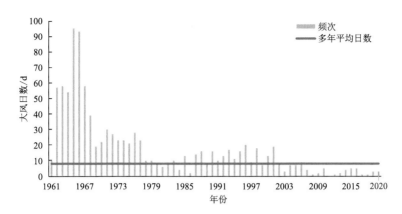

图 4.17　鄂尔多斯市东胜区 1961—2020 年大风天气日数年变化

4.3.1.2　大风日数月变化特征

鄂尔多斯市东胜区 1961—2020 年大风日数月变化如图 4.18 所示,出现了一次大波动和一次小波动,大波动在 1—8 月,其中在 1—4 月大风日数明显上升,在 4—8 月大风日数明显减少;小波动在 9—12 月,其中在 9—11 月大风日数缓慢增多,11—12 月大风日数缓慢减少。总体来看,发生在 4 月的大风天气日数最多,5 月次之,分别为 186 d 和 172 d;8 月、9 月的大风天气日数最少,分别为 34 d 和 38 d。

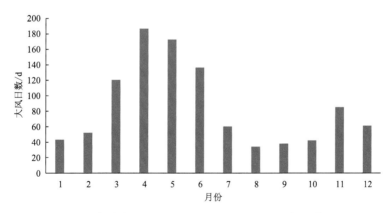

图 4.18　鄂尔多斯市东胜区 1961—2020 年大风天气日数月变化

4.3.1.3　大风日数随季节变化特征

统计分析鄂尔多斯市东胜区 1961—2020 年大风日数季节变化规律,得出鄂尔多斯市东胜区大风天气多发生在春季,占全年大风天气总数的 47%。其余依次为夏季、秋季和冬季,占比分别为 22%、16% 和 15%(图 4.19)。其中 1978—2019 年极大风速达 17.2 m/s 的大风天气主要出现在春季,其次是夏季,2004 年后,冬季极大风的占比变小,如图 4.20 所示;极大风速达 24.5 m/s 的大风天气主要也是出现在春季,其次是冬季,2001 年后,再未出现 24.5 m/s 及以上的大风天气(图 4.21)。

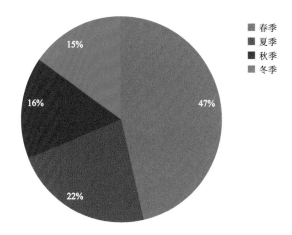

图 4.19　鄂尔多斯市东胜区 1961—2020 年大风天气日数各季节占比

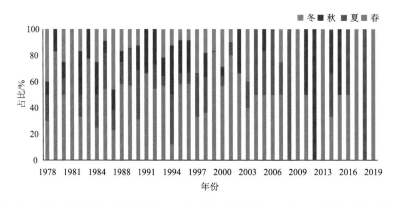

图 4.20　鄂尔多斯市东胜区 1978—2019 年极大风速达 17.2 m/s(8 级)各季节占比

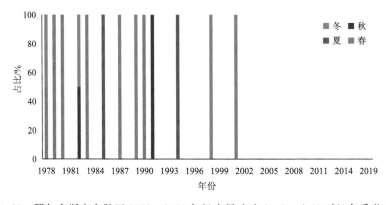

图 4.21　鄂尔多斯市东胜区 1978—2019 年极大风速达 24.5 m/s(10 级)各季节占比

4.3.1.4　大风类型分析

　　分析鄂尔多斯市东胜区 1961—2020 年大风天气的成因,冷空气(寒潮)大风发生的次数最多,占 76%;其次主要为沙尘暴大风,占 17%;再次为其他类型大风;雷暴大风发生的次数最少,仅占 1%(图 4.22)。

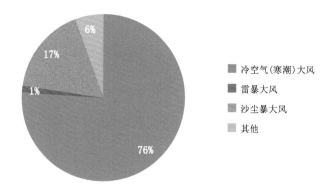

图 4.22　鄂尔多斯市东胜区 1961—2020 年大风天气大风类型占比

4.3.1.5　大风过程最大风速变化特征

　　鄂尔多斯市东胜区 1961—2020 年大风天气过程按年最大风速统计分析,鄂尔多斯市东胜区大风天气过程年变化整体呈波动下降的趋势,线性速率为−1.6 m/(s・a);年际波动较大,极大值出现在 1965 年及 1974 年,最大风速为 20.0 m/s;极小值出现在 2008 年,最大风速只有 7.0 m/s;2009—2020 年最大风速大于 10.0 m/s 的年份仅有 5 个,且都不超过 13.0 m/s(图 4.23)。从鄂尔多斯市东胜区 1961—2020 年所有大风天气过程来看,最大风速大于或等于 10.8 m/s 的大风日数为 148 d,其中大于或等于 13.8 m/s 的大风日数为 26 d,大于或等于 15.0 m/s 的大风日数为 13 d,大于或等于 20.0 m/s 的大风天数为 2 d。

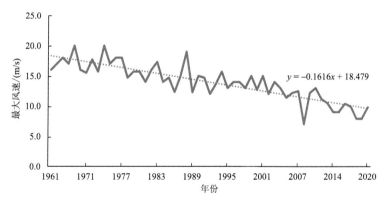

图 4.23　鄂尔多斯市东胜区 1961—2020 年大风天气年最大风速变化

　　经分析鄂尔多斯市东胜区 1961—2020 年大风天气过程最大风速的风向得出,西北偏西占比最大,为 36%;其次为西和西北,占比为 19% 和 16%;西北偏北占比为 6%;西西南和南占5%,其余风向占比均在 5% 以下(图 4.24)。

4.3.2　致灾危险性评估

　　从鄂尔多斯市东胜区大风灾害危险性等级(图 4.25)可以看出,鄂尔多斯市东胜区大风危险性整体呈现西部、中部高,东部低的分布特征。其中大风危险性高等级区主要位于泊尔江海子镇的东部和西部、罕台镇的西北部、幸福街道和铜川镇的西南部。低等级区主要位于罕台镇的南部和铜川镇的东北部与东南部。

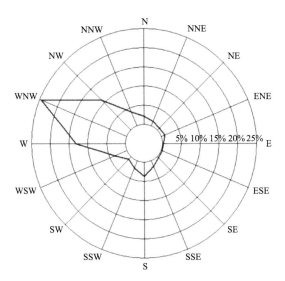

图 4.24　鄂尔多斯市东胜区 1961—2020 年大风天气风向玫瑰图

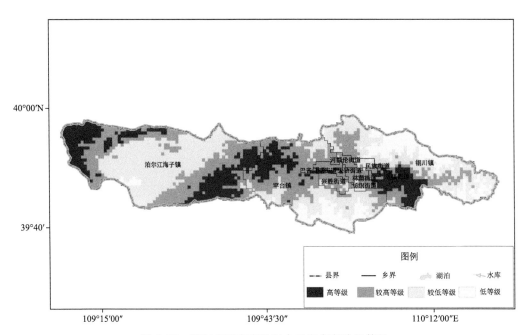

图 4.25　鄂尔多斯市东胜区大风灾害危险性等级

4.4　冰雹

4.4.1　致灾因子特征分析

4.4.1.1　年降雹频次

经统计分析,鄂尔多斯市东胜区 1961—2020 年降雹频次年变化较为平稳,除 1982 年雹日达34 d以外,1961—1990年有小幅度起伏,1990年以后变化趋于稳定,大多年份以10 d及10 d以下为主,其中12 a年雹日为2 d,14 a年雹日为3 d。此外,雹日多集中于8月,达65 d,其次集中于6月和7月(图4.26)。

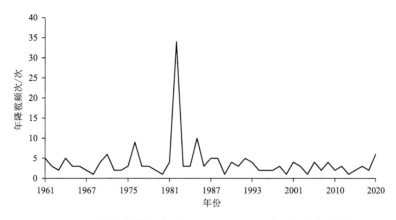

图4.26　鄂尔多斯市东胜区1961—2020年降雹频次年变化

4.4.1.2　冰雹持续时间及最大直径

鄂尔多斯市东胜区1961—2020年冰雹天气过程持续时间年平均值呈波动变化,最长39 min,最短1.4 min(图4.27);冰雹持续时间整体较短,其中小于5 min为61次,占比达到44%;5~10 min为34次,占比达到25%(图4.28)。持续时间最长出现在1992年5月14日,持续了49 min。冰雹天气过程中冰雹最大直径整体较小,其中小于10 mm最多,占比达54%;最大直径≥50 mm,共出现34次,占比达31%(图4.29)。

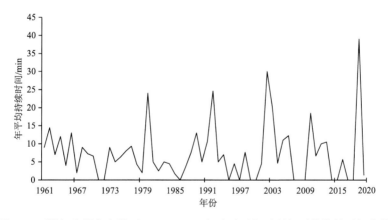

图4.27　鄂尔多斯市东胜区1961—2020年冰雹天气过程年平均持续时间变化

4.4.2　致灾危险性评估

从鄂尔多斯市东胜区冰雹灾害危险性等级(图4.30)可以看出,鄂尔多斯市东胜区冰雹灾害危险性等级总体呈东部高、西部低的分布特征。其中冰雹灾害危险性高等级区主要位于铜川镇、城区东部、罕台镇东南部,较高等级和较低等级位于东胜区中部,而低等级区主要位于泊尔江海子镇中部和西部。

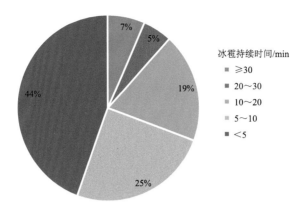

图 4.28　鄂尔多斯市东胜区 1961—2020 年冰雹持续时间占比

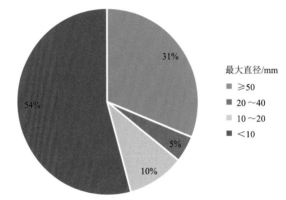

图 4.29　鄂尔多斯市东胜区 1961—2020 年冰雹最大直径占比

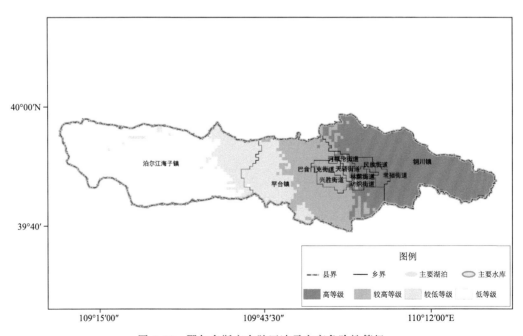

图 4.30　鄂尔多斯市东胜区冰雹灾害危险性等级

4.5　高温

4.5.1　致灾因子特征分析

4.5.1.1　高温天气及高温天气过程出现频次

经统计分析,鄂尔多斯市东胜区分别在 1980 年、1997 年、1999 年、2000 年、2005 年均出现 1 d 次高温天气,2010 年出现连续 2 d 的高温天气(图 4.31)。1961—2020 年极端最高气温为 36.7 ℃,出现在 2005 年 6 月 22 日(图 4.32),1961—2020 年未出现高温天气过程。

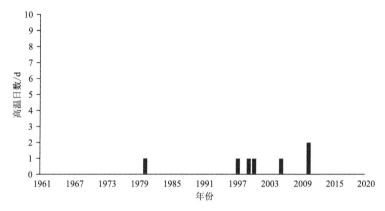

图 4.31　鄂尔多斯市东胜区 1961—2020 年高温天气日数年变化

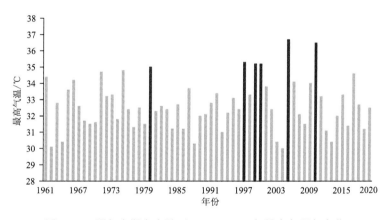

图 4.32　鄂尔多斯市东胜区 1961—2020 年最高气温年变化

4.5.1.2　日最高气温≥30 ℃日数年、月变化特征

鄂尔多斯市东胜区 1961—2020 年最高气温≥30 ℃的年平均日数为 9.7 d,2010 年达 25 d,1997—2002 年及 2005—2011 年最高气温≥30 ℃的日数明显偏多(图 4.33)。日最高气温≥30 ℃的天气主要集中在 6—8 月,7 月最多(图 4.34)。

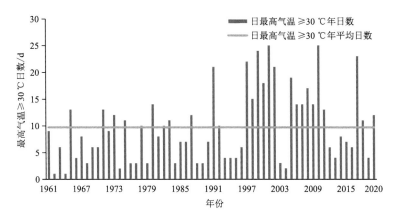

图 4.33　鄂尔多斯市东胜区 1961—2020 年日最高气温≥30 ℃日数年变化

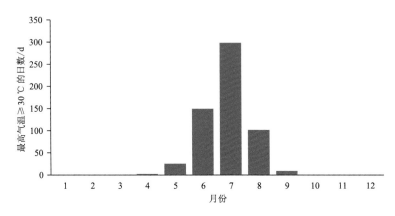

图 4.34　鄂尔多斯市东胜区 1961—2020 年日最高气温≥30 ℃日数月变化

4.5.2　致灾危险性评估

从鄂尔多斯市东胜区高温灾害危险性等级(图 4.35)可以看出,鄂尔多斯市东胜区高温灾害危险性等级呈东、西部及偏南地区偏高的趋势,其中泊尔江海子镇大部分地区及铜川镇高温危险性等级较低,主城区及罕台镇危险性等级低。

4.6　低温

4.6.1　致灾因子特征分析

经统计分析,基于鄂尔多斯市东胜区 1961—2020 年气象观测资料,结合东胜区实际,低温灾害涉及冷空气(寒潮)、霜冻、低温冷害、冷雨湿雪灾害等类型。1961—2020 年冷空气出现 493 次,占比 71%,是造成低温灾害的首要灾害类型;冷雨湿雪出现 75 次,占比 11%,位列第二;低温冷害出现 65 次,霜冻出现 64 次,均占 9%,位列第三(图 4.36)。本文重点分析冷空气(寒潮)和霜冻。

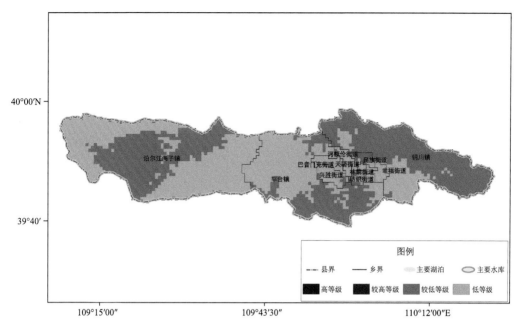

图 4.35 鄂尔多斯市东胜区高温灾害危险性等级

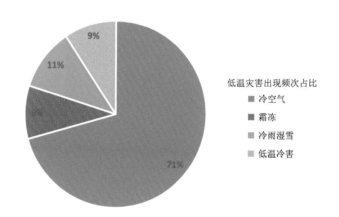

图 4.36 鄂尔多斯市东胜区 1961—2020 年低温灾害类型及出现频次占比

4.6.1.1 冷空气(寒潮)

经统计分析,鄂尔多斯市东胜区 1961—2020 年冷空气频次年变化波动明显,冷空气频次最多的是 1970 年、1980 年,为 14 次/a,其次是 2000 年和 2004 年,为 12 次/a;最少的是 1975 年、1985 年和 1995 年,为 3 次/a,均相隔 10 a。除 1986—1998 年和 2013—2020 年保持基本平稳之外,其他各年际之间波动较大(图 4.37)。

鄂尔多斯市东胜区 1961—2020 年冷空气过程最大降温幅度呈曲折变化(图 4.38),2006 年出现明显峰值,最大降温幅度为 17.9 ℃,累计降温幅度达 19 ℃,过程最低温度为 −9.6 ℃,出现在 2006 年 4 月 11 日至 4 月 13 日。由于降温幅度变化和不确定性,当降温幅度越大,低温灾害增大趋势越明显。

鄂尔多斯市东胜区 1961—2020 年冷空气过程极端最低气温年变化如图 4.39 所示,鄂尔

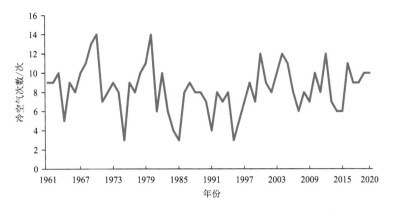

图 4.37 鄂尔多斯市东胜区 1961—2020 年冷空气年出现频次变化

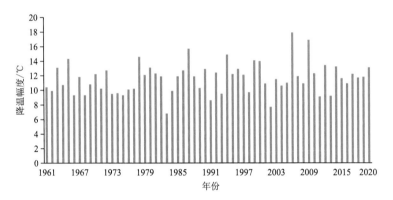

图 4.38 鄂尔多斯市东胜区 1961—2020 年冷空气降温幅度变化

多斯市东胜区过程极端最低气温－28.4 ℃,出现在 1980 年。次低出现在 2008 年,为－27.1 ℃,最低和次低之间相差 28 a,从 1999 年至 2007 年变化幅度波动较小,2014 年以后过程极端最低气温下降趋势明显。

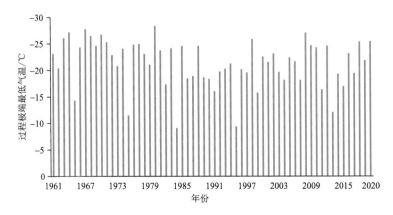

图 4.39 鄂尔多斯市东胜区 1961—2020 年过程极端最低气温变化

4.6.1.2　霜冻

统计分析鄂尔多斯市东胜区 1961—2020 年霜冻资料发现,霜冻期平均气温和霜冻期最低气温变化趋势基本一致。初霜日和终霜日有典型的季节性,初霜日多出现在 9 月和 10 月,终霜日多出现在次年 4 月和 5 月。霜冻期最低气温为 -10.0 ℃,出现在 1967 年;次低为 -8.3 ℃,出现在 1988 年(图 4.40)。

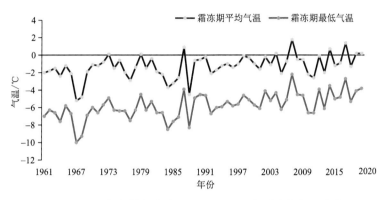

图 4.40　鄂尔多斯市东胜区 1961—2020 年霜冻期气温变化

从持续天数分析,鄂尔多斯市东胜区 1961—2020 年霜冻期日数最长出现在 1970 年,为 252 d,霜期日数最短出现在 2015 年,为 187 d。结果表明:霜冻期日数年变化总体趋于平稳(图 4.41)。

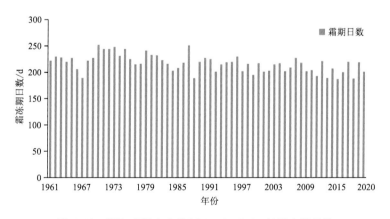

图 4.41　鄂尔多斯市东胜区 1961—2020 年霜冻期日数

4.6.2　致灾危险性评估

鄂尔多斯市东胜区低温灾害危险性等级如图 4.42 所示,鄂尔多斯市东胜区低温灾害危险性等级总体呈东西高、中部低的分布特征。其中低温灾害危险性高等级区主要位于泊尔江海子镇西部、主城区、铜川镇,较高、较低等级和低等级位于中部地区。

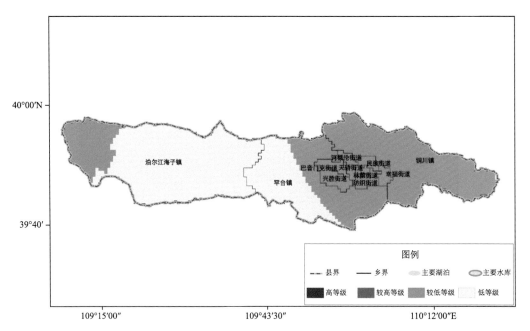

图 4.42 鄂尔多斯市东胜区低温灾害危险性等级

4.7 雷电

4.7.1 致灾因子特征分析

4.7.1.1 雷暴日数特征分析

东胜国家基本气象站自 1961 年开始人工观测雷暴(天气现象),至 2013 年停止人工观测,通过分析该站 1961—2013 年的地面观测数据,得出鄂尔多斯市东胜区雷暴年平均日数为 33 d,雷暴日数年变化明显,年雷暴日数最多为 46 d,出现在 1968 年和 1992 年,年雷暴日数最少为 16 d,出现在 1981 年(图 4.43)。

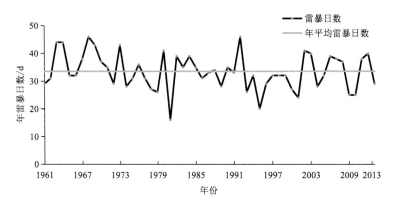

图 4.43 鄂尔多斯市东胜区 1961—2013 年年雷暴日数变化

鄂尔多斯市东胜区 1961—2013 年雷暴日数月变化呈单峰分布,主要分布在 4—9 月,其中 6—8 月雷暴日数占年总雷暴日数的 74.5％,7 月雷暴日最多,占年总雷暴日数的 29.0％(图 4.44)。

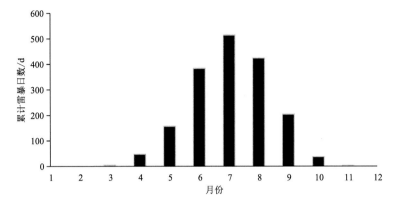

图 4.44　鄂尔多斯市东胜区 1961—2013 年雷暴日数月变化

4.7.1.2　地闪特征分析

(1)地闪年变化特征

统计鄂尔多斯市东胜区 2014—2020 年 ADTD 闪电定位系统数据,分析地闪日、月、年变化特征及空间分布。2014—2020 年鄂尔多斯市东胜区共监测到地闪 18607 次,其中正地闪 1009 次,占地闪总次数的 5.4％,负地闪 17598 次,占地闪总次数的 94.6％。最大正地闪平均强度为 202.6 kA,最大负地闪年平均强度为 −2.6 kA(表 4.1)。

表 4.1　鄂尔多斯市东胜区 2014—2020 年地闪频次特征

年份	年总地闪次数	正地闪次数	负地闪次数	最大正地闪强度/kA	最大负地闪强度/kA
2014	3443	205	3238	180.9	−4.3
2015	2631	85	2546	193.6	−3.7
2016	3954	201	3753	270.4	−0.7
2017	3587	159	3428	180.1	−0.8
2018	1995	68	1927	158.5	−2
2019	1718	117	1601	207.8	−2.4
2020	1279	174	1105	226.9	−4.4
合计	18607	1009	17598	/	/
平均	/	/	/	202.6	−2.6

从鄂尔多斯市东胜区 2014—2020 年地闪频次年变化可以看出,2016 年地闪频次最高,为 3954 次,2017—2020 年地闪频次呈明显减少趋势;每年雷电现象以负地闪居多,占全年地闪总数的 86％～97％;年平均地闪强度为 11.12～21.04 kA,正地闪强度变化呈波动,最大正地闪强度出现在 2016 年,为 270.4 kA,最大负地闪强度为 4.4 kA,出现在 2020 年(图 4.45)。

(2)地闪月变化特征

从鄂尔多斯市东胜区 2014—2020 年地闪频次月变化(图 4.46)可以看出,雷电活动主要集中在 6—9 月,占全年总地闪数的 97.3％,8 月地闪频次最多,占全年总数的 44.9％。月平

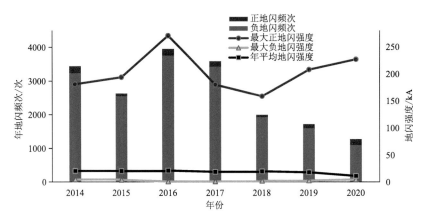

图 4.45 鄂尔多斯市东胜区 2014—2020 年地闪频次及强度年变化

均地闪强度为 22.0~87.2 kA,最大正地闪强度出现在 9 月,最大负地闪强度出现在 7 月。值得注意的是,11 月仅出现 3 次雷电活动,且均为正地闪,地闪强度较强,为全年次强。

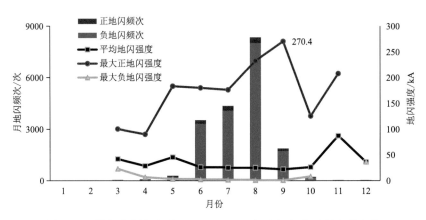

图 4.46 鄂尔多斯市东胜区 2014—2020 年地闪频次及强度月变化

(3)地闪日变化特征

从 2014—2020 年地闪频次及强度日变化(图 4.47)来看,地闪主要发生在 12—20 时及 00—02 时,占全天地闪总数的 80.3%,15 时地闪频次最多,14 时地闪频次次多,06 时地闪频次最少。日平均地闪强度为 20.1~33.1 kA,日变化幅度不大;日正地闪强度为 79.3~270.4 kA,日变化幅度明显,日最大正地闪强度出现在 21 时;日负地闪强度为 0.7~8.6 kA,日变化幅度很小,日最大负地闪强度出现在 22 时。

(4)地闪电流强度变化特征

电流强度累计概率分布是表征雷电活动强度的重要特征值,是防雷工作设计中非常重要的参数之一。鄂尔多斯市东胜区 2014—2020 年正地闪电流强度主要分布在 5~60 kA,占总闪数的 67.1%(图 4.48)。负地闪电流强度主要分布在 0~35 kA,占地闪总数的 86.8%。正地闪电流强度分布较负地闪电流强度分布更为分散(图 4.49)。

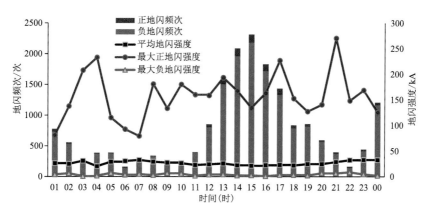

图 4.47 鄂尔多斯市东胜区 2014—2020 年地闪频次及强度日变化

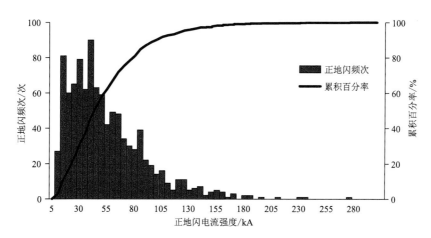

图 4.48 鄂尔多斯市东胜区 2014—2020 年正地闪电流强度及累积百分率分布特征

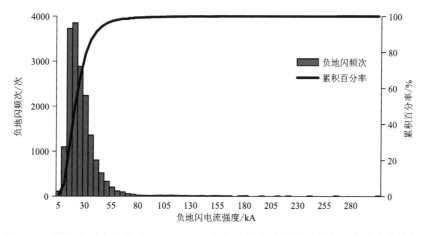

图 4.49 鄂尔多斯市东胜区 2014—2020 年负地闪电流强度及累积百分率分布特征

（5）地闪密度空间分布特征

鄂尔多斯市东胜区地闪密度空间分布如图4.50所示。鄂尔多斯市东胜区2014—2020年年平均地闪密度为1.22次/(km²·a)；地闪密度较高地区位于东胜区铜川镇中东部地区，年地闪密度最高达5次/(km²·a)。

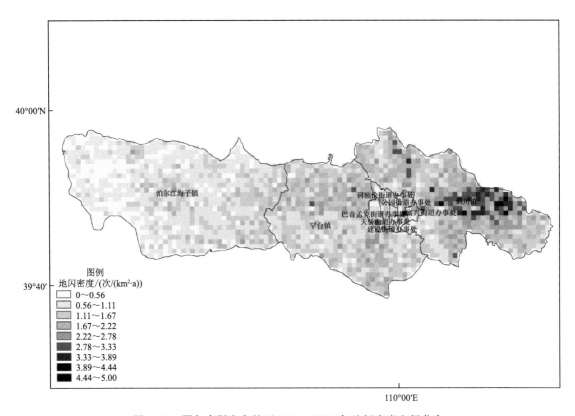

图4.50　鄂尔多斯市东胜区2014—2020年地闪密度空间分布

（6）地闪强度空间分布特征

鄂尔多斯市东胜区2014—2020年地闪强度空间分布如图4.51所示。鄂尔多斯市东胜区年平均地闪强度为8.36 kA/km²，铜川镇中东部地区地闪强度较高，年平均地闪强度最高达62.93 kA/km²，其余地区地闪强度基本一致。

4.7.2　致灾危险性评估

从鄂尔多斯市东胜区雷电灾害危险性等级（图4.52）可以看出，鄂尔多斯市东胜区雷电灾害致灾危险性等级普遍较高，其中铜川镇中部及北部、罕台镇北部及偏南地区、泊尔江海子镇东部及中部地区的致灾危险性达高等级，仅泊尔江海子镇西部地区以及主城区内纺织街道附近致灾危险性等级较低。

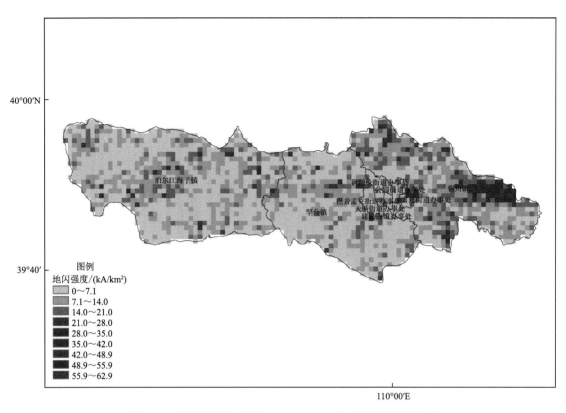

图 4.51　鄂尔多斯市东胜区 2014—2020 年地闪强度空间分布

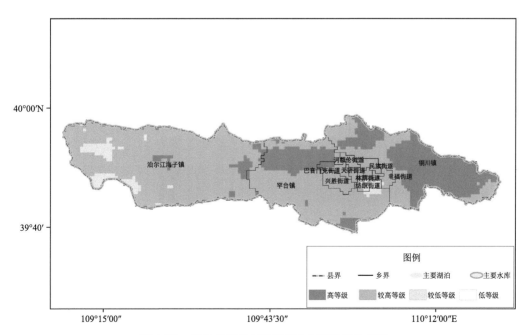

图 4.52　鄂尔多斯市东胜区雷电灾害危险性等级

4.8 雪灾

4.8.1 致灾因子特征分析

鄂尔多斯市东胜区 1961—2020 年雪灾致灾因子特征分析,主要从降雪日数、累计降雪量、积雪日数、最大积雪深度、日最大降雪量等要素的年变化和月变化方面进行分析。

4.8.1.1 年降雪日数

鄂尔多斯市东胜区 1961—2020 年累计降雪日数为 372 d,年平均降雪日数为 6.2 d,期间有 25 a 降雪日数多于平均值,年降雪日数最多为 22 d,出现在 1968 年。多年降雪日数的标准差为 4.7 d,极差为 21 d,可见降雪日数年变化较大。根据降雪日数年变化(图 4.53),年降雪日数整体呈缓慢下降的趋势,变化率为 −0.1 d/(10 a)。

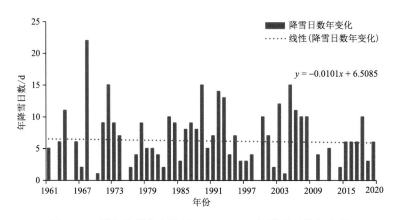

图 4.53 鄂尔多斯市东胜区 1961—2020 年降雪日数年变化

4.8.1.2 年累计降雪量

鄂尔多斯市东胜区 1961—2020 年累计降雪量为 655.5 mm,年平均降雪量为 10.9 mm,最大年降雪量为 48.3 mm,出现在 2007 年,标准差为 10.1 mm,极差为 47.1 mm。年际变化如图 4.54 所示,累计降雪量整体呈上升趋势,变化率为 0.7 mm/(10 a),1974 年前鄂尔多斯市东胜区各年的累计降雪量普遍偏小,基本都在 10 mm 以下,1974 年后呈现波动升高的趋势。

4.8.1.3 积雪日数

鄂尔多斯市东胜区 1961—2020 年年均积雪日数为 19.4 d,最多年积雪日数为 53 d,出现在 1964 年。标准差为 14.2 d,极差达 51 d,说明积雪日数存在非常显著的年际变化,各年的差异都比较大。此外,年积雪日数整体呈平缓上升趋势,变化率为 0.1 d/(10 a)(图 4.55)。

4.8.1.4 最大积雪深度

鄂尔多斯市东胜区 1961—2020 年最大年积雪深度为 55 cm,出现在 2007 年,年平均最大积雪深度为 9.8 cm,标准差为 8.8 cm,极差为 53 cm。年最大积雪深度整体呈缓慢下降的趋势,每 10 a 的变化仅为 0.1 cm(图 4.56)。

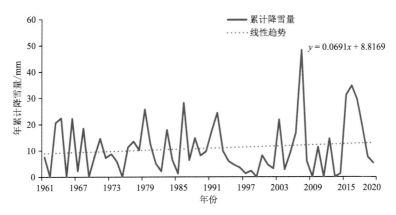

图 4.54　鄂尔多斯市东胜区 1961—2020 年累计降雪量年变化

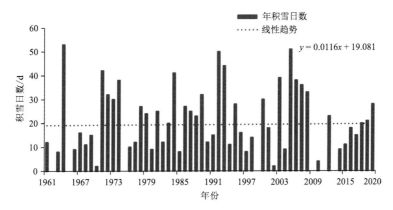

图 4.55　鄂尔多斯市东胜区 1961—2020 年积雪日数年变化

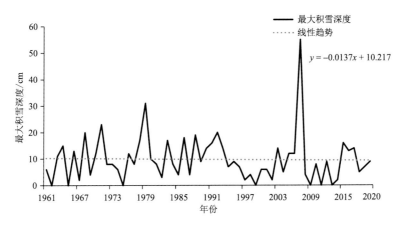

图 4.56　鄂尔多斯市东胜区 1961—2020 年最大积雪深度年变化

4.8.1.5　日最大降雪量

鄂尔多斯市东胜区 1961—2020 年最大日降雪量出现在 1979 年,为 41.2 mm,平均每年最大的日降雪量为 8.0 mm,标准差为 8.7 mm,极差为 39.6 mm。从年代际变化分析,最大日降雪量整体呈上升趋势,变化率为 0.8 mm/(10 a),其中 20 世纪 90 年代初至 21 世纪初,鄂尔多斯市东胜区的年最大日降雪量普遍偏小,均在 5 mm 以下,近年来呈波动增多的趋势(图 4.57)。

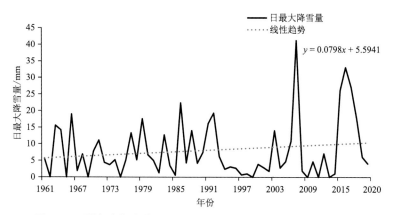

图 4.57 鄂尔多斯市东胜区 1961—2020 年日最大降雪量年变化

4.8.1.6 月降雪日数

鄂尔多斯市东胜区 1961—2020 年降雪日数月变化如图 4.58 所示。从图中可以看出,降雪过程大都发生在 10 月至次年 4 月,5—9 月基本无降雪。降雪日数最多的月份是 1 月,60 年 1 月降雪日数达 89 d,超过降雪总天数的四分之一,其他月份降雪日数由多到少依次为 2 月、3 月、12 月、11 月、4 月、10 月。

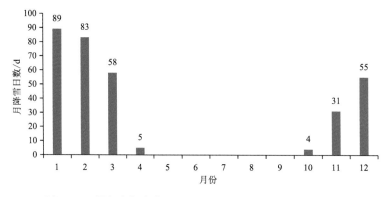

图 4.58 鄂尔多斯市东胜区 1961—2020 年降雪日数月变化

4.8.1.7 月累计降雪量

从鄂尔多斯市东胜区 1961—2020 年累计降雪量月变化(图 4.59)可以看出,各月累计降雪量与降雪日数变化趋势相似,不同的是降雪量最多的月份是 3 月,为 184.2 mm,而不是降雪日数最多的 1 月,其他月份依次为 1 月、2 月、11 月、12 月、4 月、10 月。

4.8.2 致灾危险性评估

从鄂尔多斯市东胜区雪灾危险性等级(图 4.60)可以看出,鄂尔多斯市东胜区的雪灾危险性等级处于低至较低等级。较低等级危险区位于主城区西部及南部地区、罕台镇大部分地区、泊尔江海子镇东部及西北部、铜川镇南部地区;其余地区为低等级区。

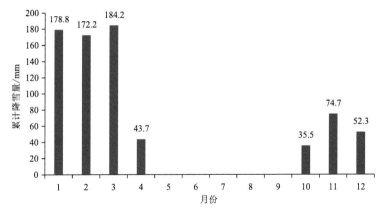

图 4.59　鄂尔多斯市东胜区 1961—2020 年累计降雪量月变化

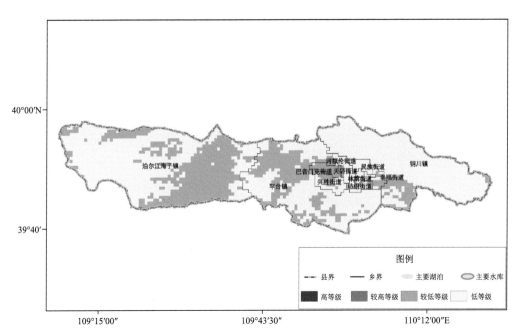

图 4.60　鄂尔多斯市东胜区雪灾危险性等级

4.9　沙尘暴

4.9.1　致灾因子特征分析

4.9.1.1　沙尘类天气出现频次年变化分析

　　鄂尔多斯市东胜区 1961—2020 年沙尘类(包括浮尘、扬沙、沙尘暴、强沙尘暴、特强沙尘暴,下同)天气出现频次在 1966 年达到顶峰,达 126 次,之后整体呈下降趋势;在 1972—1976年出现第二次高峰,5 年间平均每年出现沙尘类天气 86.4 次,2012—2014 年未出现沙尘类天气(图 4.61)。

图 4.61　鄂尔多斯市东胜区 1961—2020 年沙尘类天气出现频次

4.9.1.2　沙尘类天气持续天数年变化分析

鄂尔多斯市东胜区 1978—2020 年沙尘类天气的持续天数整体呈现下降趋势,最长持续天数达 69 d,出现在 1979 年;在 2001 年和 2018 年分别出现两次小高峰,持续天数分别为 26 d 和 13 d,2012—2014 年未出现沙尘类天气(图 4.62)。

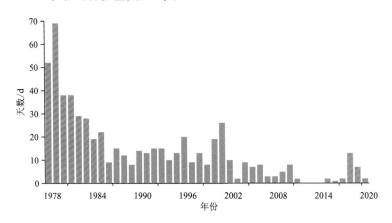

图 4.62　鄂尔多斯市东胜区 1978—2020 年沙尘类天气持续天数

4.9.1.3　沙尘类天气季节变化分析

鄂尔多斯市东胜区 1961—2020 年沙尘类天气大多数出现在春季,其次为冬季,夏季最少。其中,浮尘天气均出现在春季;夏季沙尘暴天气的占比最小,仅为 6.76%,此外,夏季未出现过强沙尘暴天气(图 4.63)。

4.9.1.4　沙尘暴和强沙尘暴天气出现频次年变化分析

鄂尔多斯市东胜区 1961—2020 年共出现沙尘暴和强沙尘暴天气 345 次,1966 年出现次数最多,达 43 次,1966 年也成为沙尘暴和强沙尘暴天气趋势变化的分水岭,在 1966 年之前,沙尘暴和强沙尘暴天气呈上升趋势,1966 年之后总体呈下降趋势,其中 1972—1976 年出现了第二高峰,这 5 年间,沙尘暴和强沙尘暴天气年平均出现 22.2 次,从 1977 年开始出现次数大幅度下降。2011—2020 年未出现沙尘暴和强沙尘暴天气(图 4.64)。

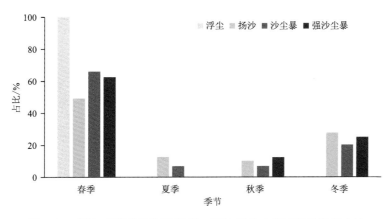

图 4.63　鄂尔多斯市东胜区 1961—2020 年沙尘类天气各季节占比

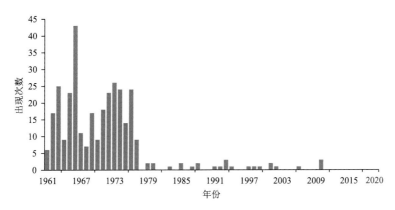

图 4.64　鄂尔多斯市东胜区 1961—2020 年沙尘暴和强沙尘暴天气出现次数年变化

4.9.1.5　沙尘暴和强沙尘暴天气持续时间分析

鄂尔多斯市东胜区 1978—2020 年出现的沙尘暴和强沙尘暴天气,持续时间大多在 5 d 以内,占 68%;其次为 5～10 d,占 21%;持续时间在 10 d 以上的最少,占 11%(图 4.65)。

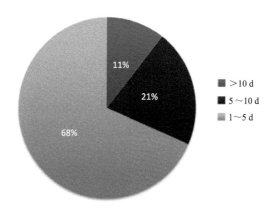

图 4.65　鄂尔多斯市东胜区 1978—2020 年沙尘暴和强沙尘暴天气持续时间占比

4.9.2 致灾危险性评估

从鄂尔多斯市东胜区沙尘暴灾害危险性等级(图4.66)可以看出,沙尘暴灾害对鄂尔多斯东胜区致灾危险性普遍较高,其中罕台镇大部分地区、铜川镇北部及东部部分地区、泊尔江海子镇西部及北部小部分地区的致灾危险性达到了高等级,较低和低等级区域集中在城区中部。

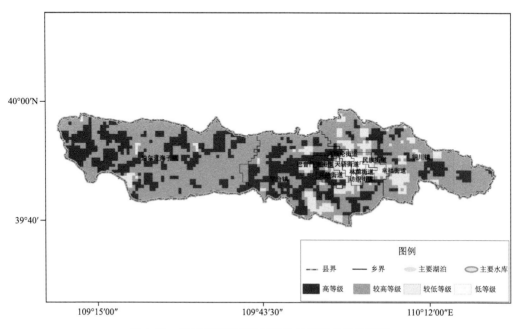

图4.66 鄂尔多斯市东胜区沙尘暴灾害危险性等级

第 5 章　风险评估与区划

5.1　暴雨

　　分别对人口、GDP 和主要农作物等 3 个暴雨主要承灾体进行脆弱性评估,计算得到暴雨灾害人口风险区划图、GDP 风险区划图和玉米风险区划图。

5.1.1　暴雨人口风险评估与区划

　　鄂尔多斯市东胜区暴雨灾害人口风险区划如图 5.1 所示,鄂尔多斯市东胜区暴雨灾害人口风险空间分布特征与人口密度分布特征类似,即人口越集中的地区,其人口受灾风险越高。暴雨灾害人口高等级风险区主要位于主城区及罕台镇西南部地区,其他地区相对较低。

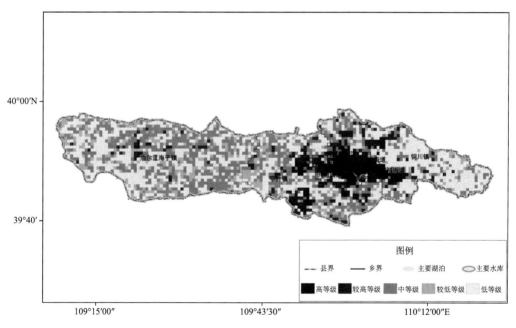

图 5.1　鄂尔多斯市东胜区暴雨灾害人口风险区划

5.1.2　暴雨 GDP 风险评估与区划

　　鄂尔多斯市东胜区暴雨灾害 GDP 风险区划如图 5.2 所示,鄂尔多斯市东胜区暴雨灾害GDP 风险空间分布特征与其 GDP 密度分布特征基本一致,即 GDP 越集中的地区,其 GDP 损失风险越高。暴雨灾害 GDP 高等级风险区主要位于城区,其他地区相对较低。

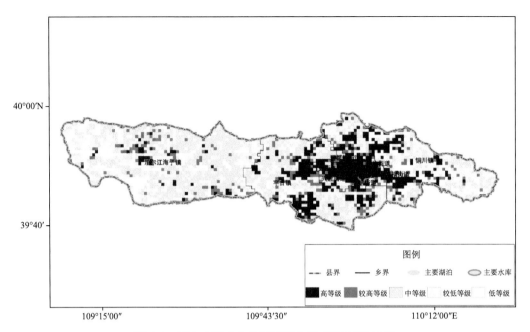

图 5.2　鄂尔多斯市东胜区暴雨灾害 GDP 风险区划

5.1.3　暴雨玉米风险评估与区划

鄂尔多斯市东胜区暴雨灾害玉米风险区划如图 5.3 所示,鄂尔多斯市东胜区暴雨灾害玉米风险空间分布特征与玉米暴露度指数的空间分布特征基本一致,主要集中在种植区。暴雨灾害玉米高等级风险区主要位于泊尔江海子镇和铜川镇,罕台镇风险相对较低,主城区最低。

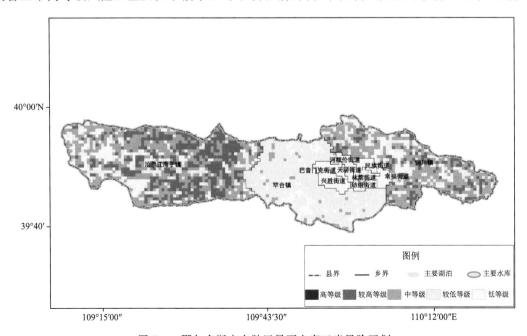

图 5.3　鄂尔多斯市东胜区暴雨灾害玉米风险区划

5.2　干旱

分别对人口、GDP 和主要农作物等 3 个干旱主要承灾体进行脆弱性评估,计算得到干旱灾害人口风险区划图、GDP 风险区划图和玉米风险区划图。

5.2.1　干旱人口风险评估与区划

鄂尔多斯市东胜区干旱人口风险区划如图 5.4 所示,干旱高等级或较高等级均出现在主城区,泊尔江海子镇小部分、罕台镇部分街道中偏东、铜川镇偏西地区为高风险地区,泊尔江海子镇中部、罕台镇中部及铜川镇西北地区等地为中风险,其余地区为较低和低风险。

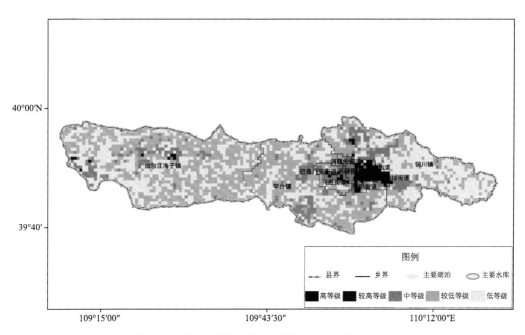

图 5.4　鄂尔多斯市东胜区干旱灾害人口风险区划

5.2.2　干旱 GDP 风险评估与区划

鄂尔多斯市东胜区干旱 GDP 风险区划如图 5.5 所示,空间分布呈现主城区偏高,周边乡镇偏低的态势,高风险区域分布于主城区及泊尔江海子镇部分地区,西部、中部及偏东大部分地区以较高和中风险等级为主,其余地区为较低或低等级风险区。

5.2.3　干旱玉米风险评估与区划

鄂尔多斯市东胜区干旱玉米风险区划如图 5.6 所示,分布呈现由西部偏西等级较高,中、东部部分地区偏低,高风险区域仅分布在泊尔江海子镇偏西地区、中部及偏东部分以较高风险和中风险等级为主,其余地区为较低风险等级或低等级。

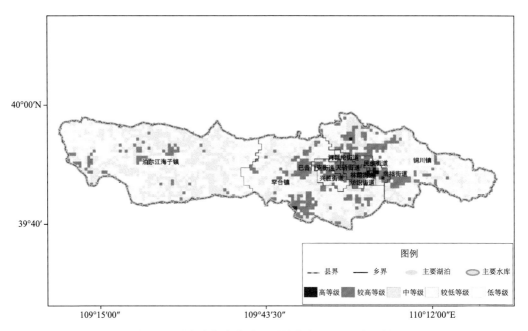

图 5.5 鄂尔多斯市东胜区干旱灾害 GDP 风险区划

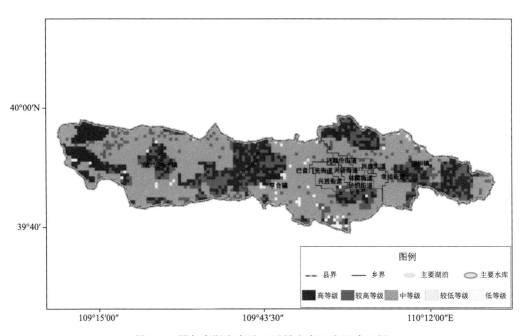

图 5.6 鄂尔多斯市东胜区干旱灾害玉米风险区划

5.3 大风

分别对人口、GDP 和玉米等 3 个大风主要承灾体进行脆弱性评估,计算得到大风灾害人口风险区划图、GDP 风险区划图及玉米风险区划图。

5.3.1 大风人口风险评估与区划

鄂尔多斯市东胜区大风灾害人口风险区划如图 5.7 所示,大风灾害对人口影响的较高和中等级风险区分布在主城区人口密集处。除鄂尔多斯市东胜区的主城区外,大风灾害对人口影响总体较小,为低等级风险区。

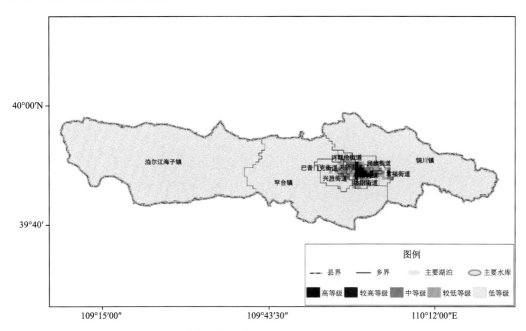

图 5.7 鄂尔多斯市东胜区大风灾害人口风险区划

5.3.2 大风 GDP 风险评估与区划

鄂尔多斯市东胜区大风灾害 GDP 风险区划如图 5.8 所示,大风灾害对经济影响的高和较高等级风险区主要分布在城区中心位置和罕台镇中部及南部少部分地区,其余地区及泊尔江海子镇为低等级风险区。

5.3.3 大风玉米风险评估与区划

鄂尔多斯市东胜区大风灾害玉米风险区划如图 5.9 所示,大风灾害对玉米影响的风险分布规律总体与全区玉米种植分布一致。全区无高及较高等级风险区,泊尔江海子镇中等级风险区及较低等级风险区基本各占一半;罕台镇及铜川镇基本属于较低等级风险区。主城区无玉米种植,为低等级风险区。

5.4 冰雹

分别对人口、GDP 和玉米等 3 个冰雹主要承灾体进行脆弱性评估,计算得到冰雹灾害人口风险区划图、GDP 风险区划图及冰雹玉米风险区划图。

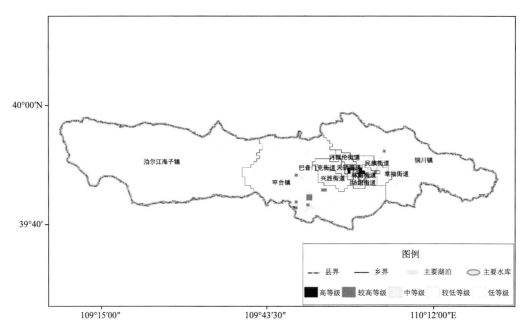

图 5.8　鄂尔多斯市东胜区大风灾害 GDP 风险区划

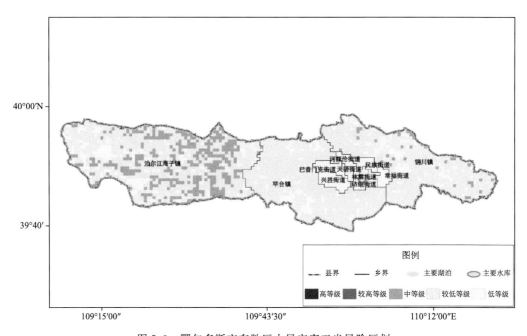

图 5.9　鄂尔多斯市东胜区大风灾害玉米风险区划

5.4.1　冰雹人口风险评估与区划

　　鄂尔多斯市东胜区冰雹灾害人口风险区划如图 5.10 所示,东胜区除城区以外整体处于较低等级风险,城区处于较高和中等风险区。东胜区城区是人口集中地区,同时也是高和中等级风险区,冰雹灾害对于人民的生产生活影响较大,城区中心多为较高等级风险区。

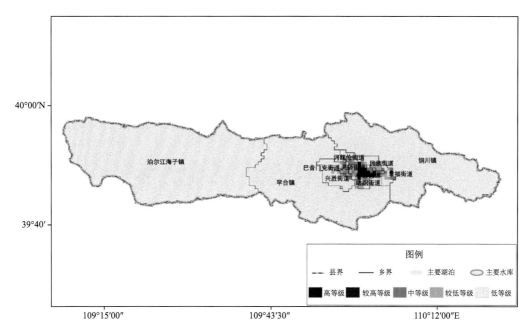

图 5.10　鄂尔多斯市东胜区冰雹灾害人口风险区划

5.4.2　冰雹 GDP 风险评估与区划

　　鄂尔多斯市东胜区冰雹灾害 GDP 风险区划如图 5.11 所示,东胜区整体处于较低等级风险区,城区中心位置处于较高和中等风险区。

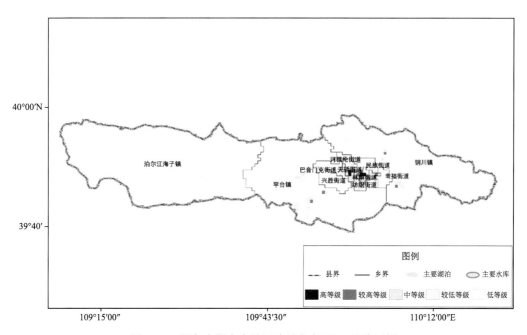

图 5.11　鄂尔多斯市东胜区冰雹灾害 GDP 风险区划

5.4.3　冰雹玉米风险评估与区划

鄂尔多斯市东胜区冰雹灾害玉米风险区划如图 5.12 所示，东胜区整体处于较低等级风险，城区处于低等级风险区，东部和西部有分散性斑点状中等级、低等级风险区。东胜区城区是人口集中地区，没有农田，此区域内冰雹对于玉米的影响较小。东胜区泊尔江海子镇和铜川镇内有玉米农田种植，农田处冰雹对玉米的影响较大，由于农田并不集中连片，中等级风险区呈现斑点状。

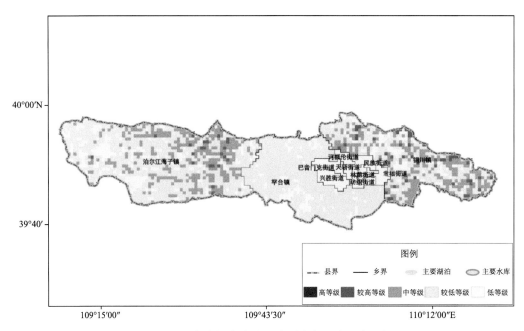

图 5.12　鄂尔多斯市东胜区冰雹灾害玉米风险区划

5.5　高温

分别对人口、GDP 和玉米等 3 个高温主要承灾体进行脆弱性评估，计算得到高温灾害人口风险区划图、GDP 风险区划图及高温灾害玉米风险区划图。

5.5.1　高温人口风险评估与区划

鄂尔多斯市东胜区高温灾害人口风险区划如图 5.13 所示，因鄂尔多斯市东胜区人口主要集中于主城区，泊尔江海子镇、罕台镇及铜川镇人口密度不及主城区高，高温灾害人口风险区划与承灾体（人口）暴露度成正比，空间分布呈主城区偏高、乡镇偏低的态势。

5.5.2　高温 GDP 风险评估与区划

鄂尔多斯市东胜区高温灾害 GDP 风险区划如图 5.14 所示，空间分布呈现主城区偏高，周边乡镇偏低的态势，高温灾害 GDP 风险空间分布明显与 GDP 暴露度空间分布成正比。鄂尔多斯市东胜区泊尔江海子镇、罕台镇、铜川镇主要以第一产业和第二产业为主，主城区以第三

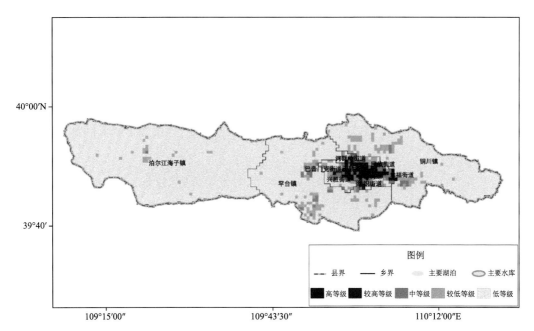

图 5.13　鄂尔多斯市东胜区高温灾害人口风险区划

产业为主,且第三产业占总产值的 65.4%。从而鄂尔多斯市东胜区主城区高温灾害 GDP 风险等级处于低至较高。

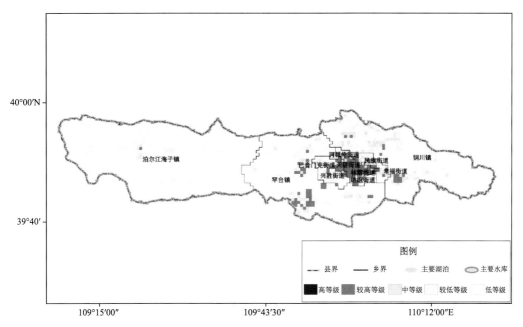

图 5.14　鄂尔多斯市东胜区高温灾害 GDP 风险区划

5.5.3　高温玉米风险评估与区划

鄂尔多斯市东胜区高温灾害玉米风险区划如图 5.15 所示,可以看出高温灾害玉米风险空间分布与高温灾害危险性和承灾体(玉米)暴露度成正比,呈西部偏高、中东部偏低的态势。泊尔江海子镇玉米种植面积较其他乡镇偏多,其风险等级为中等,其余地区为较低或低。

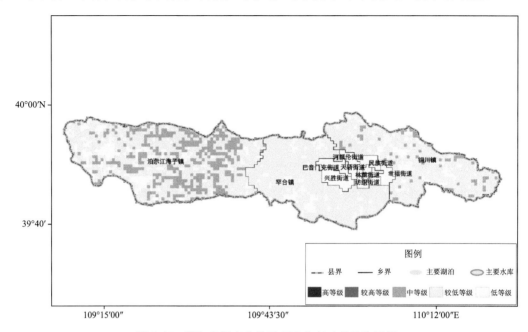

图 5.15　鄂尔多斯市东胜区高温灾害玉米风险区划

5.6　低温

分别对人口、GDP 和玉米这 3 个低温主要承灾体进行脆弱性评估,计算得到低温灾害人口风险区划图、GDP 风险区划图及低温灾害玉米风险区划图。

5.6.1　低温人口风险评估与区划

鄂尔多斯市东胜区低温灾害人口风险区划如图 5.16 所示,因鄂尔多斯市东胜区人口主要集中于主城区,泊尔江海子镇、罕台镇及铜川镇人口密度不及主城区高,低温灾害人口风险区划与承灾体(人口)暴露度成正比,空间分布呈主城区偏高、乡镇偏低的态势。

5.6.2　低温 GDP 风险评估与区划

鄂尔多斯市东胜区低温灾害 GDP 风险区划如图 5.17 所示,空间分布呈现主城区偏高,周边乡镇偏低的态势,低温 GDP 风险空间分布明显受 GDP 暴露度空间分布与低温灾害危险性影响较大。

5.6.3　低温玉米风险评估与区划

鄂尔多斯市东胜区低温灾害玉米风险区划如图 5.18 所示,空间分布呈西部偏高,中东部偏低的态势,风险等级整体与低温灾害危险性和承灾体(玉米种植面积)暴露度成正比。泊尔江海子镇玉米种植面积较其他乡镇偏多,其风险等级为中等,其余地区为较低或低。

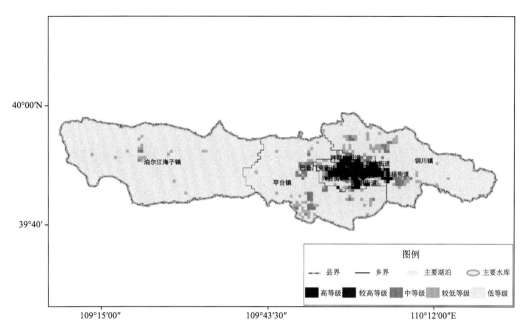

图 5.16　鄂尔多斯市东胜区低温灾害人口风险区划

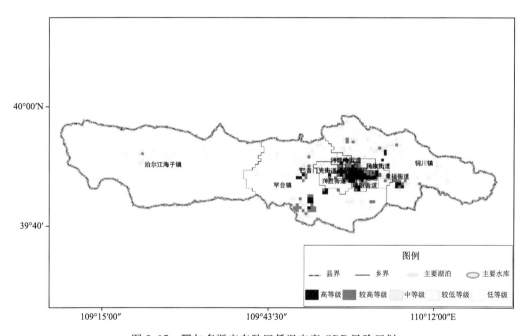

图 5.17　鄂尔多斯市东胜区低温灾害 GDP 风险区划

5.7　雷电

　　分别对人口、GDP 等两个雷电的主要承灾体进行脆弱性评估,计算得到雷电灾害人口风险区划图和 GDP 风险区划图。

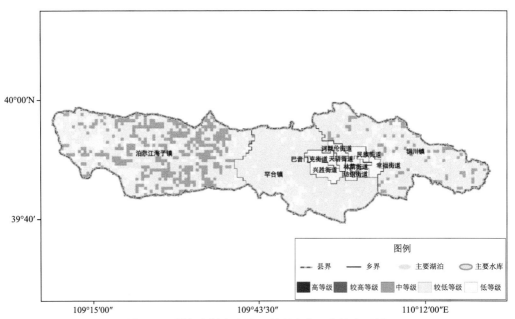

图 5.18 鄂尔多斯市东胜区低温灾害玉米风险区划

5.7.1 雷电人口风险评估与区划

鄂尔多斯市东胜区雷电灾害人口风险区划如图 5.19 所示,可以看出雷电灾害人口风险空间分布整体受雷电灾害危险性和承灾体(人口)暴露度空间分布影响,呈中东部地区风险等级高、西部地区风险等级低的态势。具体来说,东胜区主城区大部分地区风险等级高,泊尔江海子镇镇政府所在地、罕台镇大部分地区及铜川镇雷电灾害风险等级较高,其余地区风险等级为中等。

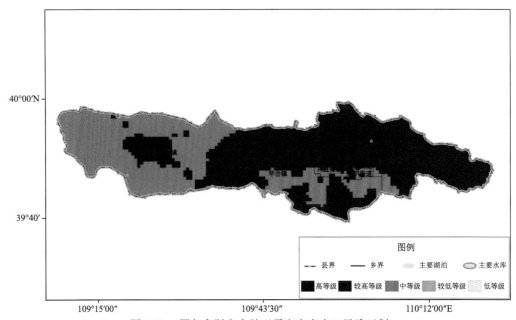

图 5.19 鄂尔多斯市东胜区雷电灾害人口风险区划

5.7.2 雷电 GDP 风险评估与区划

鄂尔多斯市东胜区雷电灾害 GDP 风险区划如图 5.20 所示,可以看出雷电灾害 GDP 风险空间分布受雷电灾害危险性和 GDP 暴露度空间分布影响较大,雷电灾害 GDP 风险空间分布较雷电灾害危险性分布范围略有扩散。具体来说,罕台镇北部地区、主城区大部分地区及铜川镇雷电灾害 GDP 风险等级高,泊尔江海子镇西部地区及主城区纺织街道雷电灾害 GDP 风险等级为中等,其余地区风险等级为较高。

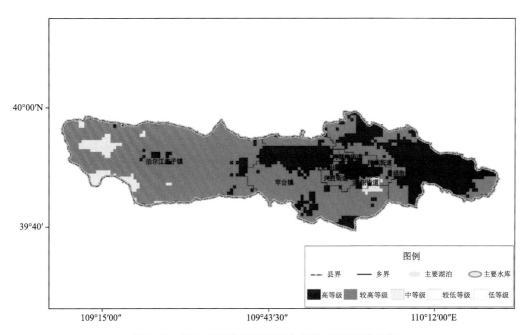

图 5.20 鄂尔多斯市东胜区雷电灾害 GDP 风险区划

5.8 雪灾

分别对鄂尔多斯市东胜区人口、GDP 两个雪灾的主要承灾体进行脆弱性评估,计算得到雪灾人口风险区划图和 GDP 风险区划图。

5.8.1 人口风险评估与区划

鄂尔多斯市东胜区雪灾人口风险区划如图 5.21 所示,可以看出鄂尔多斯市东胜区的雪灾人口危险较高等级区位于林荫街道;中等级区位于天骄街道、民族街道等主城区;较低等级位于罕台镇大部分地区、泊尔江海子镇东部及西北部、铜川镇南部等地;其余地区为低等级区。

5.8.2 雪灾 GDP 风险评估与区划

鄂尔多斯市东胜区雪灾 GDP 风险区划如图 5.22 所示。可以看出鄂尔多斯市东胜区的雪灾人口较高等级区位于林荫街道、天骄街道;中等级区位于纺织街道、幸福街道、诃额伦街道、

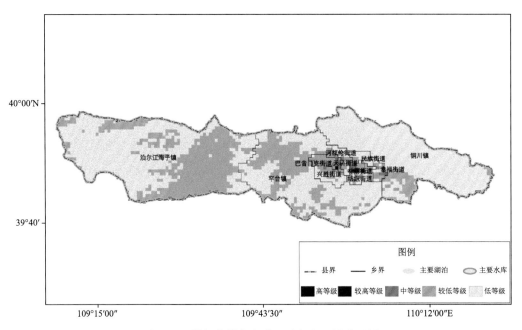

图 5.21　鄂尔多斯市东胜区雪灾人口风险区划

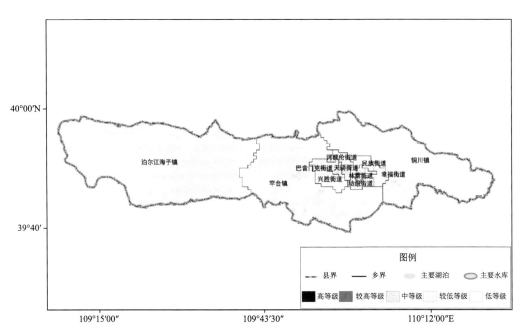

图 5.22　鄂尔多斯市东胜区雪灾 GDP 风险区划

巴音门克街道、兴胜街道等主城区;较低等级位于罕台镇大部、泊尔江海子镇东部及西北部、铜川镇南部等地;其余地区为低等级区。

5.9 沙尘暴

分别对人口和 GDP 两个沙尘暴主要承灾体进行脆弱性评估,计算得到沙尘暴灾害人口风险区划图和 GDP 风险区划图。

5.9.1 沙尘暴人口风险评估与区划

鄂尔多斯市东胜区沙尘暴灾害人口风险区划如图 5.23 所示,鄂尔多斯市东胜区大部分地区处于低风险区,因人口主要集中在城区的 12 个街道,泊尔江海子镇、罕台镇和铜川镇人口密度不及主城区高,沙尘暴人口风险区与承灾体(人口)暴露度成正比,空间分布呈主城区偏高、乡镇偏低的态势。

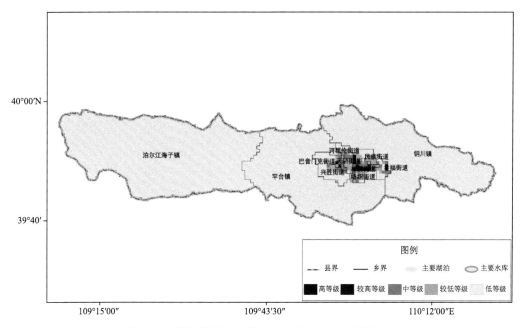

图 5.23 鄂尔多斯市东胜区沙尘暴灾害人口风险区划

5.9.2 沙尘暴 GDP 风险评估与区划

鄂尔多斯市东胜区沙尘暴灾害 GDP 风险区划如图 5.24 所示,空间分布呈主城区偏高、周边乡镇偏低的态势,与沙尘暴灾害人口风险区划图相对应。鄂尔多斯市东胜区第三产业占总产值的 65.4%,且泊尔江海子镇、罕台镇、铜川镇主要以第一产业和第二产业为主,主城区以第三产业为主,因此,中风险及以上地区多分布在城区及罕台镇东部和铜川镇西部,其余地区为低或较低等级区。

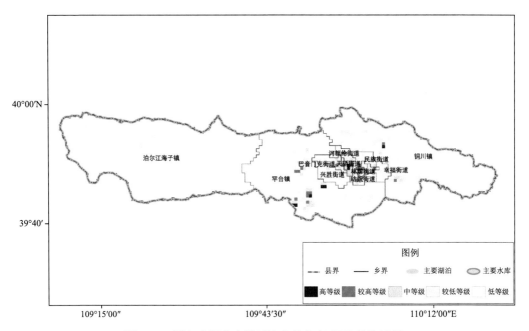

图 5.24　鄂尔多斯市东胜区沙尘暴灾害 GDP 风险区划

第 6 章　重大灾害事件

鄂尔多斯市东胜区受气象灾害影响较大,极端灾害事件时有发生,极端气候和天气事件造成的损失不断上升。本章利用鄂尔多斯市东胜区 1961—2020 年气象灾害事件资料,综合考虑灾害损失及其影响的范围和程度、灾害极端性、同类灾害的代表性等原则,遴选出该时段十大气象灾害事件(表 6.1)。入选的十大气象灾害事件,总体上反映了 1961—2020 年气象灾害的主要特点。

表 6.1　鄂尔多斯市东胜区 1961—2020 年十大气象灾害事件

序号	灾害类型	开始时间	结束时间	影响范围	经济损失
1	暴雨	2013.06.30	2013.06.30	东胜区	直接经济损失 1300 余万元
2	干旱	2000.07.11	2000.10.21	东胜区	不详
3	干旱	2015.05.15	2015.09.30	东胜区	直接经济损失 5485 万元
4	大风寒潮	1994.05.01	1994.05.03	东胜区	直接经济损失 779.65 万元
5	冰雹	2013.06.30	2013.06.30	东胜区	不详
6	沙尘暴	1983 年春	/	东胜区	不详
7	雪灾	2007.03.03	2007.03.13	东胜区	直接经济损失 63.6 万元
8	暴雨	1989.07.21	1989.07.21	东胜区	直接经济损失 800 余万元
9	雷电	1982.07.02	1982.07.02	铜川镇	直接经济损失 0.2 万元
10	低温	1987.06.05	1987.06.06	东胜区	不详

6.1　2013 年暴雨

灾害发生时间:2013 年 6 月 30 日。

灾害过程:6 月 30 日 14—17 时鄂尔多斯市东胜区出现短时强对流天气,城区降水开始时间为 14 时 13 分,其中 15—16 时降水强度最大,至 16 时 30 分累计降水量达 57 mm。东胜国家基准气候站冰雹开始时间为 15 时 03 分,降雹时间持续 7 min,冰雹最大直径 6 mm。各乡镇降雹开始时间不等,持续时间 15 min 左右,冰雹直径 20~30 mm。此次降水过程为东胜国家基准气候站有气象记录以来 6 月同期日降水 56 年来的最大值。

灾害影响:城区部分建筑墙体倒塌,低洼处平房浸水导致房屋倒塌致 8 人死亡。其中鄂尔多斯市东胜区 3 个乡镇、12 个街道办事处不同程度受灾;共造成塌方 79 处,374 户 979 人受困。其中,天骄街道办事处受灾 192 户 704 人,紧急转移 43 户 105 人,死亡 1 人,倒塌房屋 1户,严重损坏房屋 5 户,一般损坏房屋 208 户,地面塌陷 16 处,墙体塌陷 28 处,隐患 49 处,直接经济损失 1300 余万元。

6.2　2000 年干旱

灾害发生时间:2000 年 7 月 11 日至 10 月 21 日。

灾害过程:3—5 月无大于 10 mm 的降水过程,6 月、7 月各有一次大于 20 mm 的降水过程,由于前期干旱,7 月 4 日降雨后,持续高温天气,日最高气温 35.3 ℃,干旱加重。

灾害影响:春夏连旱导致人畜饮水困难,牧草枯死,田野灰黄,赤地千里。

6.3　2015 年干旱

灾害发生时间:2015 年 5 月 15 日至 9 月 30 日。

灾害过程:夏季降水量持续偏少,总降水量为 60.2 mm,为 1961 年以来夏季降水量最小值。全区出现了大范围不同程度干旱,给农牧业生产造成严重损失。

灾害影响:全区出现了大范围不同程度干旱,给农牧业生产造成严重损失,造成 1146 人受灾,直接经济损失 5485 万元,其中农业经济损失 1300 万元。

6.4　1994 年大风、降雪、寒潮、霜冻、暴雨

灾害发生时间:1994 年 5 月 1—3 日、17 日、7 月 25 日—8 月 4 日。

灾害过程:5 月 1—3 日,东胜市出现大风、降雪、强寒潮、霜冻天气,48 h 内降温 23 ℃。5 月 17 日凌晨,再次出现霜冻造成大量秧苗被冻死。7 月 25 日—8 月 4 日,连降大暴雨,总降水量 210 mm。巴音敖包乡、柴登部分村、社遭到冰雹袭击,损失严重。

灾害影响:此段时间发生的所有灾害天气造成农村直接经济损失 667.65 万元,城市损失 14 万元,自来水公司沙沙圪台至白家渠段城市供水工程多处被毁,中断供水 3 d,直接经济损失 98 万元;部分地区出现洪涝灾害,使农田、牧草减产 3～6 成,水利设施破坏严重,有民房倒塌,公路、供电、通信线路不同程度受到破坏,雷击、水冲死亡 2 人,直接经济损失达数千万元。

6.5　2013 年冰雹

灾害发生时间:2013 年 6 月 30 日。

灾害过程:2013 年 6 月 30 日 15 时 03 分发生冰雹天气过程,冰雹持续时间分别为 8 min,最大冰雹直径 30 mm。

灾害影响:冰雹天气过程致 11 人遇难,车辆受损严重。

6.6　1983 年沙尘暴

灾害发生时间:1983 年 4 月 26—28 日。

灾害过程:遭受大风沙尘暴灾害,最大风力 11 级。

灾害影响:使牧工、牲畜迷途,死亡牲畜 1200 头(只),大面积农田草场被沙掩埋,甚至造成

人员失踪、死亡。

6.7 2007 年雪灾

灾害发生时间:2007 年 3 月 3—13 日。

灾害过程:东胜区普降暴雪,过程降雪量达 20.9 mm,最大积雪深度 18 cm,积雪日数达 11 d。

灾害影响:此次暴雪过程造成罕台镇受灾近 500 km²,受灾农牧民户数 4256 户,人口 16248 人,受灾牲畜 51400 多只,饲草料短缺严重,受损温室大棚 24 个,占地 10 亩,直接经济损失约 60 万元;民族街道碾盘梁村温棚坍塌 15 个(9.7 亩),温室坍塌 1 个(0.3 亩)。大棚坍塌 3 个(2.4 亩)经济损失约 3.6 万元。

6.8 1989 年暴雨

灾害发生时间:1989 年 7 月 21 日。

灾害过程:东胜降水 133.4 mm,达到大暴雨量级,小时最大降水量为 39.6 mm,05—07 时 3 h 降水量达 108.4 mm,形成百年不遇的洪灾,使工农牧业生产和人民财产遭受严重损害。

灾害影响:东胜城区 100 多个单位和 3500 户居民房舍水淹,45 户 2250 m² 居民住房倒塌,5 万 m² 住房、厂房、仓库、办公室成为危房,办公及市政设施均受到不同程度的损坏。农村 258 间房屋倒塌,1.35 万 kg 村民存粮被水淹或冲走,934 处牲畜棚圈倒塌,死亡大小畜 531 头(只),猪 55 口。洪水冲毁淹没农田 4400 hm²,2600 hm² 农田绝收,粮食减产 789.1 万 kg。洪水冲毁草场 90.4 hm²,林地 124.27 hm²,大口井 189 眼,澄地工程 20 处 126.13 hm²,塘坝 400 多条,堰道、谷坊工程 397 处;冲毁砖窑 19 座,小煤窑 97 处,温室 34 处,淤灌大棚 30 处。公路、铁路及通信、供电线路多处被毁坏而中断。造成直接经济损失 800 余万元。

6.9 1982 年雷电

灾害发生时间:1982 年 7 月 2 日 14 时许。

灾害过程:鄂尔多斯市东胜区朝脑梁公社张家梁生产大队遭受雷击。

灾害影响:损失耕骡 2 头,耕马 1 匹,直接经济损失 2000 元。

6.10 1987 年低温

灾害发生时间:1987 年 6 月 5—6 日。

灾害过程:6 月 5—6 日出现霜冻、寒潮、大风、雷电天气,霜冻灾害发生期间平均最低气温 3.2 ℃,持续 2 d。

灾害影响:东胜市各乡冻坏出土青苗 93.25 hm²,800 hm² 出土的糜子全部被冻死,直接影响市民的蔬菜供应。当时正值剪毛季节,因刚剪过毛,死亡羊 580 只。

第 7 章 总 结

7.1 主要结论

7.1.1 暴雨

鄂尔多斯市东胜区 1961—2020 年共出现 35 次暴雨过程,其中 1961 年出现 3 次,有 8 a 出现 2 次,出现 1 次暴雨过程的年份有 16 a,其余年份均未出现暴雨过程。暴雨过程主要发生在 7—8 月,其中 8 月出现的暴雨过程次数最多,为 15 次,约占总暴雨次数的 43%。最大过程降水量出现在 1961 年 8 月 21 日,为 147.9 mm;3 h 最大降水量出现在 1989 年 7 月 21 日,为 108.4 mm,占过程降水量的 81%。暴雨灾害主要影响工农业生产、城市运行、民众生活,有详细灾情统计数据的暴雨灾害中,1994 年 7 月 25 日的暴雨灾害造成的损失最大,直接经济损失达数千万元。

鄂尔多斯市东胜区暴雨灾害危险总体呈东高西低分布,与该区年雨涝指数分布特征一致。其中暴雨灾害危险等级较高的区域主要位于城区及铜川镇中南部、罕台镇和泊尔江海子镇东部地区。鄂尔多斯市东胜区暴雨灾害人口风险高等级区主要位于人口相对集中的城区及罕台镇西南部地区,暴雨灾害 GDP 风险高等级区主要位于 GDP 相对集中的城区,暴雨灾害玉米风险高等级区主要位于种植相对集中的泊尔江海子镇和铜川镇,罕台镇相对较低,主城区最低。

7.1.2 干旱

干旱在鄂尔多斯市东胜区一年四季都有发生,且发生季节连旱的情况较为突出。鄂尔多斯市东胜区 1961—2020 年共出现气象干旱过程 60 次,1962 年干旱日数最多为 193 d;重旱日数平均每年出现 11 d,最多年份出现在 2000 年(69 d);特旱日数平均每年出现 4 d,最多年份出现在 1962 年(52 d)。

鄂尔多斯市东胜区干旱 GDP 风险等级与人口风险等级相似,空间分布呈现主城区偏高,周边乡镇偏低的态势,高风险区域仅分布在中东部 GDP、人口密度比较高的部分地区、泊尔江海子镇占小部分,西部、中部及偏东大部分地区以较高和中风险等级为主,其余地区为较低或低等级风险;干旱直接经济损失总体呈增加的趋势。

7.1.3 大风

鄂尔多斯市东胜区大风天气较为频繁,受灾记录共计 7 条;1961—2020 年年平均大风日数为 8.1 d,其中 1965 年大风日数最多,为 95 d;大风天气主要集中在 3—6 月,其中 4 月的大风天气最多;最大风速的极大值出现在 1965 年及 1974 年,均为 20.0 m/s。鄂尔多斯市东胜区大风危险性整体呈现西部、中部高,东部低分布。大风灾害危险性高等级区主要位于泊尔江海子镇的东部和西部、罕台镇的西北部、幸福街道和铜川镇的西南部。低等级区主要位于罕台镇的南部和铜川镇的东北部与东南部。

鄂尔多斯市东胜区大风灾害人口、GDP 风险的高、较高风险区主要集中于人口、经济密集区,即主城区。鄂尔多斯市东胜区大风玉米风险与玉米种植区域有关,玉米较高、中等风险区域主要位于泊尔江海子镇。

7.1.4　冰雹

鄂尔多斯市东胜区 1961—2020 年出现冰雹天气过程共 190 次,年最多雹日达 34 d,冰雹持续时间最长为 49 min,冰雹直径最大值为 50 mm。鄂尔多斯市东胜区冰雹灾害危险性等级呈东部高、西部低分布,即铜川镇、城区中东部、罕台镇东南部地区等级较高,泊尔江海子镇中、西部地区较低。

鄂尔多斯市东胜区冰雹灾害人口、GDP 风险的高、较高风险区主要集中于人口、经济密集区,即主城区。鄂尔多斯市东胜区冰雹玉米风险与玉米种植区域有关,中等、较低等级风险区呈斑点状分散在泊尔江海子镇和铜川镇。

7.1.5　高温

鄂尔多斯市东胜区高温天气较少,未出现高温天气过程,无高温受灾记录;1961—2020 年极端最高气温为 36.7 ℃;日最高气温≥30 ℃的年平均日数为 9.7 d,最多达 25 d;日最高气温≥30 ℃的天气主要集中在 6—8 月,7 月最多。鄂尔多斯市东胜区高温灾害危险性呈东、西部及偏南地区偏高,其余地区偏低的态势,即泊尔江海子镇大部分地区及铜川镇高温危险性等级较低,主城区及罕台镇危险性等级低。

鄂尔多斯市东胜区高温灾害人口、GDP 风险的高、较高风险区主要集中于人口、经济密集区,即主城区。高温灾害玉米风险与玉米种植区域有关,较高、中等级风险区域主要位于泊尔江海子镇。

7.1.6　低温

鄂尔多斯市东胜区 1961—2020 年出现低温天气过程共 697 次,有灾情数据记录 22 条,冷空气过程年极端最低气温为 -28.4 ℃,霜冻期平均最低气温为 -10 ℃,霜期最长为 252 d。鄂尔多斯市东胜区低温灾害危险性等级呈东、西高,中部低。其中低温灾害危险性高等级区主要位于泊江海子镇西部、东胜城区、铜川镇,较高、低等级和低等级位于中部地区。

鄂尔多斯市东胜区低温灾害人口、GDP 风险的高、较高风险区主要集中于人口、经济密集区,即主城区。鄂尔多斯市东胜区低温玉米风险与玉米种植区域有关,玉米较高、中风险区域主要位于泊尔江海子镇,其余地区风险等级为较低或低。

7.1.7　雷电

鄂尔多斯市东胜区 1961—2013 年年平均雷暴日数为 33 d,最多为 46 d,雷暴天气主要集中在 4—9 月,其中 6—8 月雷暴日数占年总数的 74.5%,7 月雷暴日最多;2014—2020 年年平均地闪密度为 1.22 次/km²,主要集中在 6—9 月,8 月地闪频次最多;地闪主要以负地闪居多,

占全年地闪总数的 $86\% \sim 97\%$,但正地闪平均强度较强,约为负地闪平均强度的 3 倍;雷电活动主要集中在 12—20 时及 00—02 时,负地闪强度日变化不显著,正地闪强度为 $79.3 \sim 270.4$ kA;正地闪电流强度分布较负地闪更为分散,正地闪电流强度主要分布在 $5 \sim 60$ kA,占总闪数的 67.1%,负地闪电流强度主要分布在 $0 \sim 35$ kA,占地闪总数的 86.8%。鄂尔多斯市东胜区铜川镇中、东部地区地闪密度较高、强度较强。鄂尔多斯市东胜区雷电灾害致灾危险性普遍较高。

鄂尔多斯市东胜区雷电灾害人口风险等级较高或高,雷电灾害 GDP 风险空间分布与雷电灾害危险性空间分布基本一致。

7.1.8 雪灾

由于鄂尔多斯市境内冬季降雪只占年降水量的 $0.1\% \sim 0.2\%$,所以降雪造成灾害的概率较低,但个别年份也会有雪灾发生。在 2 月底到 3 月初,西北路冷空气活跃,西南暖湿气流北上,在冷空气和暖湿气流的共同作用下极易造成雪灾。鄂尔多斯市东胜区 1961—2020 年的降雪过程大都发生在 10 月至次年 4 月,降雪日数最多的是 1 月,降雪量最大的是 3 月,近年来累计降雪量和日最大降雪量整体呈上升趋势。从鄂尔多斯市东胜区雪灾历史灾情和所筛选的雪灾致灾因子来看,由于鄂尔多斯市东胜区近 60 年历史上没有出现明显的受灾过程,雪灾危险性等级主城区、罕台镇及泊尔江海子镇东部普遍为较低等级,其余地区为低;从人口风险评估与区划及 GDP 风险评估与区划来看,与危险性等级类似,主城区、罕台镇及泊尔江海子镇东部普遍为较高等级,其余地区为较低等级区。由于降雪后气温下降,会造成全区所有的交通线路全部封停,交通受阻,造成各种物资调运困难,大批旅客滞留,给牧业生产、设施农业带来严重损失。

7.1.9 沙尘暴

鄂尔多斯市东胜区 1961—2020 年沙尘暴类(包括浮尘、扬沙、沙尘暴、强沙尘暴、特强沙尘暴)天气出现的频次在 1966 年达到顶峰,达 126 次,之后整体呈下降趋势;持续天数(统计时段为 1978—2020 年)整体呈现下降趋势,最长持续天数出现在 1979 年,达 69 d;沙尘暴类天气大多出现在春季,其次为冬季,夏季最少。鄂尔多斯市东胜区沙尘暴灾害危险性普遍较高,其中罕台镇大部分地区、铜川镇北部及东部部分地区、泊尔江海子镇西部及北部小部分地区的致灾危险性达到了高等级,较低和低等级区域集中在城区中部。

鄂尔多斯市东胜区沙尘暴灾害人口、GDP 风险区划中高和较高风险地区主要集中于人口、经济分布密集的主城区。

7.2 不确定性分析

9 种气象灾害(暴雨、干旱、大风、冰雹、高温、低温、雷电、雪灾、沙尘暴)的风险评估与区划的结果均具有一定的不确定性,主要原因为:一是在进行危险性评估时均使用了国家级气象观测站的资料,由于站点密度较低,无站点地区只能靠插值进行补充,这给评估结果造成了不确定性。部分灾种使用了骨干区域气象站进行了补充,但骨干区域气象站观测年限短,只能靠拟合的方法进行数据重构,拟合结果的误差也给评估结果带来一定的不确定性,还有一些灾种结合高程数据对气象要素进行了小网格推算,推算结果同样具有一定的不确定性。二是灾情资料不全影响脆弱性评估。三是评估模型的一些指标权重赋值采用专家打分法存在一定的非客观性,也给评估结果带来不确定性。

7.3　鄂尔多斯市东胜区行政区域与气象灾害危险性等级对照

鄂尔多斯市东胜区行政区域与气象灾害危险性等级对照如表7.1、表7.2所示。

表 7.1　各行政区域气象灾害等级范围

乡镇/街道	暴雨致灾危险性	干旱致灾危险性	大风致灾危险性	冰雹致灾危险性	高温致灾危险性	低温致灾危险性	雷电致灾危险性	雪灾致灾危险性	沙尘暴致灾危险性
泊尔江海子镇	较低~较高	较低~较高	较低~高	低~较低	低~较低	低~较低	较低~高	低~较低	较低~高
罕台镇	较高~高	较低~较高	低~高	较低~较高	低~较低	低~较低	较高~高	低~较低	较低~高
铜川镇	较高~高	较低~较高	低~高	较高~高	低~较低	较低	较低~高	低~较低	低
主城区	较高~高	较低~较高	低~高	较高~高	低~较低	低	较高~高	低~较低	较低~高

表 7.2　各行政区域气象灾害 GDP 风险、人口风险等级与气象灾害等级对照

灾害类型	气象灾害 GDP 风险等级			
	泊尔江海子镇	罕台镇	铜川镇	主城区
暴雨	中~高	中~高	中~高	高
干旱	较低~较高	较低~较高	较低~较高	较高
大风	低~较高	低~较高	低~较高	较高
冰雹	低	低~中	低~中	较低~高
高温	低~较低	低~较高	低~较高	低~较高
低温	低~较低	低~高	低~高	低~高
雷电	中~高	较高~高	较高~高	中~高
雪灾	低~较低	低~较低	低~较低	低~中
沙尘暴	低	低~高	低~高	低~高

灾害类型	气象灾害人口风险等级			
	泊尔江海子镇	罕台镇	铜川镇	主城区
暴雨	低~较高	低~高	低~较高	高
干旱	低~中等	低~中等	低~中等	较高~高
大风	低~较高	低~较高	低~较高	较高~高
冰雹	较低	较低	较低	较低~高
高温	低~较低	低~中	低~中	低~高
低温	低~中	低~中	低~中	低~高
雷电	中~较高	中~较高	中~较高	中~高
雪灾	低~较低	低~较低	低~较低	低~较低
沙尘暴	低	低	低	低~较高

7.4 气象灾害防御建议

7.4.1 暴雨灾害

1. 广泛宣传暴雨防范应急知识。通过网络、书籍等途径,了解暴雨天气预报预警知识;应急管理、气象、自然资源等部门应积极组织科普活动,提高民众暴雨灾害防范自救互救意识;了解城市内涝、山体滑坡、泥石流等次生灾害的特点,提升防范意识;了解周边的暴雨及次生灾害易发区,熟知应急避险场所位置。

2. 各有关单位应制定暴雨突发事件应急预案,各级应急救援队伍随时做好救援准备,及时处置突发情况。

3. 气象部门应密切监视天气情况,及时向相关部门及社会公众发布暴雨预报预警信息、地质灾害气象风险预警信息。

4. 街道、社区及乡镇应做好排水管道、沟渠的疏通清理,排查管网隐患,下水道井盖安全隐患;排查地下车库等场所是否有进水、漏水隐患;排查室内外电线、网线是否有裸线;切断低洼地带有危险的室外电源,暂停在空旷地方的户外作业,转移危险地带人员和危房居民到安全场所避雨;做好城市、农田、鱼塘的排涝,水库排水等准备工作,注意防范可能引发的山洪、滑坡、泥石流等次生灾害。

5. 交通管理部门应当根据路况在强降雨路段采取交通管制措施,在积水路段实行交通引导。在下穿式立交桥、隧道、地下商场、地下通道、地下车库等重要部位和其他易涝点,设置警示标识,实施交通疏导,加大积水抽排,提前对危险区域道路实施封闭管理。

6. 影响范围内的文旅企业、单位采取分流游客和暂停经营等措施,引导游客紧急避险。

7. 处于危险地带的单位应当停课、停业,采取专门措施保护已到校学生、幼儿和其他上班人员的安全。

8. 加强个人防护,避开危险区域,远离山洪、地质灾害高发区;在积水中行走时,要注意观察路面情况;避免在桥底、涵洞等低洼易涝危险区域避雨;如发现高压线铁塔倾倒、电线低垂或断折,要远离避险,不可触摸或接近。

9. 交通部门应加强暴雨期间的路况信息监测,提醒司机尽量绕开积水路段和下沉式立交桥,避免将车辆停放在低洼易涝等危险区域。

10. 应急管理部门及城市管理部门应当加强高空作业管理,要求户外高空作业人员停止作业活动,停用塔吊、升降机等机械设备,确保生命、财产安全。

7.4.2 干旱灾害

1. 地方人民政府及有关部门应当制定干旱灾害应急预案,按照职责做好防御干旱的应急工作。

2. 有关部门应当做好应急备用水源规划,必要时调度辖区内一切可用水源,甚至启动远距离调水等应急供水方案,优先保障城乡居民生活用水和牲畜饮水。

3. 建议水利部门采取压减城镇供水指标,分时段集中供水;优先经济作物灌溉用水,限制大量农业灌溉用水,采用喷灌、滴灌等节水方式灌溉。

4. 建议限制非生产性高耗水及服务业用水,限制排放工业污水。

5. 气象部门应当适时开展人工增雨作业,以增加水库蓄水和缓解旱情。

6. 建议优化农业生产布局,改进生产技术,选育和种植耐旱品种,深耕覆盖。

7. 建议农业部门,根据气候规律,抓住有利时机,蓄水防旱,在多旱区推行旱作农业。做好退耕还林,涵养水源,大规模绿化造林,减少水土流失,同时兴修水利,缓解用水压力。发展节水农业技术,采用塑料大棚与地膜覆盖、滴灌技术,提高水分的生产效率。

7.4.3 大风灾害

1. 建议政府各部门建立大风灾害防御联动和信息共享机制,及时关注天气预报和预警信息,全社会积极参与大风灾害防御工作,及时采取应对措施。

2. 地方人民政府及有关部门应当加强防风林建设与维护,采取措施保护城区外围荒漠植被,改善生态环境,减轻大风引起的沙尘危害;机场、铁路、高速公路等有关单位应当采取保障交通安全的措施,有关部门和单位应注意森林、草原等防火。

3. 广播、电视、报纸、网络等媒体应当及时、准确、无偿地传播大风警报和大风灾害预警信号,并根据气象主管机构的要求及时增播、插播或刊登大风天气实况和防御指引;电信运营企业应当免费向本地全网用户准确发送大风警报及应急短信,提醒社会公众做好防御准备。

4. 在接收到大风预报或预警信息后,各部门及有关单位应根据防御指引,及时科学地加固棚架、临时搭建物、广告牌及现代农业设施,停止大风天气下进行户外活动、露天集体活动,尤其是在高空、水域等危险区域。

5. 避免在风灾入口处等存在安全隐患的区域内搭建不稳定构筑物;对于建设结构及建设标准都达不到防御强大风标准的住房,应进行合理监督,督促对于房屋建筑的整改,加强高空建筑、架空设施等安全检查,及时采取加固、下放或拆除工作;建(构)筑物的所有权人或者管理人,应当定期对相关设施进行防风避险巡查,设置警示标志,采取必要防护措施,避免搁置物、悬挂物脱落、坠落。

6. 建议供电部门对供电线路、通讯线路等应做好防风的应急预案,及时对供电线路、通讯线路等设施进行加固、巡查,发现问题及时处理,避免出现安全隐患;注重线路、设备的防风措施,一旦出现险情可立即采取补救措施。

7.4.4 冰雹灾害

1. 政府及相关部门应制定应急预案,按照职责做好防冰雹的应急和抢险工作。

2. 气象部门应当及时发布冰雹灾害预警信号;通过电视、广播、气象信息员、助理员等及时、广泛地传播。

3. 针对重要农业种植区,可通过人工影响天气技术在冰雹高影响区建立防雹作业区,通过提前预警、准确识别冰雹产生部位开展科学合理的人工防雹作业。降低冰雹灾害的影响程度。对可能产生的农作物倒伏、低温等衍生灾害,应及时组织农业专家给与技术指导。

4. 针对冰雹灾害中低影响地区可通过购买商业保险降低冰雹灾害损失。

7.4.5 高温灾害

1. 凡工作场所存在高温、高湿作业和夏季露天作业的用人单位,在高温工作场所应设立休息场所,提供必要的防暑降温饮料、药品,并配备通风、隔热和防暑降温设备,切实改善作业场所劳动条件。

2. 凡工作场所存在高温、高湿作业和夏季露天作业的用人单位,建议合理安排生产时间,适当增加工间休息时间与次数,避开高温时段作业。

3. 凡工作场所存在高温、高湿作业和夏季露天作业的用人单位,要认真研究制定高温中暑应急救援预案,加强演练,细化措施,落实责任,加大对作业人员防暑降温和中暑急救的宣传教育工作。一旦发生突发事件,要按照预案及时处置。

4. 有关部门和单位应当注意防范因用电量过高,以及电线、变压器等电力负载过大而引发的火灾。

5. 有关部门应特别注意防范火灾的发生。

6. 建议有关部门做好防暑降温指导,提醒公众做好高温防护措施,谨防高温天气下车辆自燃,或因长时间滞留在无通风或未启动空调的车内,从而导致高温窒息。

7.4.6 低温灾害

1. 政府及农林主管部门应制定相应应急预案,增强应急处置能力,按照职责做好防范低温冷害的准备工作,发生低温事件时按照职责做好应急和抢险工作。

2. 气象部门应及时发布与低温有关的寒潮、霜冻等预警信号,并通过短信、微信等方式及时对外传播。气象信息员、助理员应做好应尽职责,及时将预报、预警信息向所属乡镇、街道等传播。

3. 农村基层组织和农户应关注当地寒潮、霜冻预警信号,以便依据防御指南采取相应措施加强防护。

4. 农、林、牧等行业关注气象预报信息,积极采取防冻害措施,设施农业加强温室内温度调控,防止蔬菜和花卉等经济植物遭受冻害,对作物、树木、牲畜等采取有效的防冻措施。

5. 有关部门视情况调节居民供暖,燃煤取暖用户注意防范一氧化碳中毒。

7.4.7 雷电灾害

1. 政府及有关部门应制定防雷安全应急预案,按照职责做好防雷工作。

2. 气象部门遇雷雨天气应及时发布雷电预警信号,并通过广播、短信等方式广泛传播;同时完善防雷减灾信息员与乡村治理网格员、灾害信息员、地质灾害群测群防员等队伍的融合机制,发挥社会队伍的预警信息再传播作用,实现农村雷电预警信息全融入、广覆盖。

3. 生产经营单位法定代表人、实际控制人、实际负责人应严格履行防雷安全第一责任人责任,健全防雷安全责任制,加强雷电防护装置建设和维护,落实雷电防护装置定期检测制度。气象部门应落实落细重点企业、单位防雷安全检查任务,每年定期开展防雷防静电安全检查工作。

4. 完善农村雷电灾害防御示范工程、雷雨天气防雷避险告示牌、避雷塔、应急避险场所等公共基础设施的建设。完善易燃易爆场所和人员密集场所安装雷电防护装置。

5. 新建村镇要组织区域雷击风险评估,避开雷击高发区域,农村公共基础设施、乡镇企业以及统一规划、成片建造的农民新村应当逐步纳入当地政府建设项目的审批管理,通过防雷设计审核、竣工验收许可,并加大宣传力度,引导农民自建房逐步向符合防雷规范标准的结构转变。

6. 有关部门应当加强雷电灾害及其防御知识宣传,提醒公众在雷雨季节外出劳作应穿胶鞋、雨衣;户外遇到雷电时正确选择避难场所;不拨打电话,不使用收音机等带天线的电子产品,不使用太阳能热水器沐浴;不要将车停放在空旷的高地或树下,不要在车内使用手机。

7.4.8　雪灾

1. 政府及有关部门应制定暴雪突发事件应急预案,按照职责做好防雪灾、防冻害等相关工作。

2. 气象部门应严密监视可能引发暴风雪的天气形势,提前预报暴风雪的强度和影响范围,并发布相关预警信号,政府各部门统一联动、社会积极参与,提前防御。

3. 交管部门应根据气象部门预报预警信息在必要时要关闭公路、铁路和航运交通,防止发生交通事故,同时在高速公路和城市市区应及时清除路面积雪,撒播融雪剂加速积雪融化。

4. 学校、工矿企业、各单位必要时应及时停课、停工、停业(除特殊行业外),避免发生危险。

5. 农业部门应当指导养殖大户提前储备草料,指导种养殖大户对温室、大棚和畜舍等农业设施进行加固,防止被暴雪压垮或被大风吹倒,并及时清除积雪,以免坍塌造成损失。

7.4.9　沙尘暴灾害

1. 政府及有关部门应制定沙尘暴灾害应急预案,按照职责做好防沙尘暴工作。

2. 气象部门应密切监测风速、能见度等相关气象要素,及时发布沙尘暴预警信息号,并充分利用新媒体方式及气象信息员、助理员及时传播。

3. 有关单位应加固围板、棚架、广告牌等易被风吹动的搭建物,妥善安置易受影响的室外物品,遮盖建筑物资,做好精密仪器的密封工作。

4. 机场、铁路、高速公路等部门做好交通安全防护措施,驾驶人员应谨慎驾驶,减速慢行,密切注意路况和沙尘暴变化。

5. 在出现沙尘暴天气时,应立即停止露天活动和高空、水上等户外危险作业,在电线杆、房屋倒塌的紧急情况下,及时切断电源,防止触电或引起火灾。

术语与概念

风险：对不确定性目标的影响。

区划：按灾害综合风险指数大小和风险区划等级而进行的空间区域性划分。

灾害天气：严重威胁人民生命财产安全，极易造成人员伤亡、财产损失的天气，具有明显的破坏性。

致灾因子：可能造成人员伤亡、财产损失、资源与环境破坏、社会系统混乱等的异变因子。

承灾体：承受灾害的对象，如：人口、经济、农作物等。

承灾体暴露度：指人员、生计、环境服务和各种资源、基础设施以及经济、社会或文化资产处在有可能受不利影响的位置，是灾害影响的最大范围。

承灾体脆弱性：指受到不利影响的倾向或趋势。一是承受灾害的程度，即灾损敏感性（承灾体本身的属性）；二是可恢复的能力和弹性（应对能力）。

承灾体暴露性：人类所处的地形地貌、海拔高度、山川水系分布等自然地质环境以及暴露在自然灾害之下的人口、房屋、室内财产、农田、基础设施等的数量和价值。

孕灾环境：由自然与人文环境所组成的综合地球表层环境以及在此环境中的一系列物质循环、能量流动以及信息与价值流动的过程——响应关系。

高温：日最高气温达到或超过 35 ℃以上的天气现象。

高温过程：连续 3 d 及以上最高气温≥35 ℃的天气现象。

高温灾害危险性：当高温天气过程异常或超常变化达到某个临界值时，给经济社会系统造成破坏的可能性。

高温风险评估：综合考虑高温灾害致灾因子危险性、不同承灾体暴露度和脆弱性指标，对高温灾害风险大小进行评价估算的过程。

高温灾害风险区划：基于高温灾害风险评估结果，综合考虑行政区划，对高温灾害风险进行基于行政单元的空间划分。

雷击：对地闪击的一次放电。

雷击点：闪击击在大地或其上突出物上的那一点。一次闪击可能有多个闪击点。

雷暴日：一天中可听到一次以上的雷声称为一个雷暴日。

地闪：指云内荷电中心与大地或地物之间的放电过程。如果是云中的正电荷对地放电称为正地闪，如果是云中的负电荷对地放电，称为负地闪。

地闪密度：单位面积、单位时间的平均雷击点个数，单位为次每平方千米每年（次/（km² · a））。

雷电流：流经雷击点的电流。

雷电灾害：因雷电对生命体、建（构）筑物、电气和电子系统等造成的损害。

雷电灾害风险：雷电灾害发生的可能性及其可能损失。

雷电灾害风险指数：根据孕灾环境敏感性、致灾因子危险性、承灾体易损性和防灾减灾能力对雷电灾害风险进行评定的量化指标。

雷电灾害风险区划:根据雷电灾害风险评估结果,综合考虑行政区划,对雷电灾害风险进行基于空间单元的划分。

雷电灾害防御重点单位:遭受雷击后会造成巨大破坏、人身伤亡或重大社会影响的单位。

暴雨:指 12 h 降水量达到 30.0 mm 及以上或 24 h 降水量达到 50.0 mm 及以上的降雨天气过程。

暴雨过程:当暴雨日持续天数≥1 d 或者中断日有中到大雨,且前后均为暴雨日的降水过程。

过程降水量:指某次降水开始形成到结束产生的降水总量。

暴雨气象灾害危险性:当暴雨天气过程异常或超常变化达到某个临界值时,给经济社会系统造成破坏的可能性。

雨涝:由强降雨或持续性强降雨引起的积水和淹没的现象。

雨涝指数:可能造成雨涝的强降水强度的特征量。

降水量:一定时间内,降落在水平地面上的水,在未经蒸发、渗漏、流失情况下所累积的深度,通常以毫米(mm)为单位。

干旱:是指一种因长期无降水或少降水而造成的空气干燥,土壤缺水的气象现象。

干旱过程:包括干旱历时、影响范围、受旱程度和发展趋势等。

气象干旱:指某时段内,由于蒸发量和降水量的收支不平衡,水分支出大于水分收入而造成的水分短缺现象。

干旱灾害:指因久晴无雨或少雨,土壤缺水、空气干燥而造成的农作物枯死,人畜饮水不足等的灾害现象。

无旱:正常或湿涝,特点为降水正常或较常年偏多,地表湿润。

轻旱:特点为降水较常年偏少,地表空气干燥,土壤出现水分轻度不足,对农作物有轻微影响。

中旱:特点为降水持续较常年偏少,土壤表面干燥,土壤出现水分不足,地表植物叶片白天有萎蔫现象,对农作物和生态环境造成一定影响。

重旱:特点为土壤出现水分持续严重不足,土壤出现较厚的干土层,植物萎蔫、叶片干枯,果实脱落,对农作物和生态环境造成较严重影响,对工业生产、人畜饮水产生一定影响。

特旱:特点为土壤出现水分长时间严重不足,地表植物干枯、死亡,对农作物和生态环境造成严重影响,对工业生产、人畜饮水产生较大影响。

大风:风速达 17.2 m/s(8 级)及以上的风。

极大风速:指某个时段内出现的最大瞬时风速。

最大风速:指在某个时段内出现的滑动 10 min 平均风速最大值。

大风灾害:由于出现大风,导致人员伤亡和经济以及行业(如农业、牧业、城市建设、交通和电力等)等受损的灾害。

大风致灾因子:大风灾害的危险性因子,是可能造成生命伤亡与人类社会财产损失的自然变异因子。

大风灾害调查:对导致大风灾害形成的致灾因子及承灾体等风险因素的勘察、分析及做出结论的全过程。

大风灾害风险评估:综合考虑大风灾害致灾因子危险性、孕灾环境敏感性及承灾体暴露度、脆弱性等,对大风灾害风险进行评估的过程。

大风灾害风险区划:基于大风灾害风险评估结果,对大风灾害风险进行基于空间单元的划分。

低温灾害:因冷空气异常活动等原因造成剧烈降温以及冻雨、雪、冰(霜)冻所造成的灾害事件。

冷空气(寒潮)

冷空气过程识别方法依据《冷空气过程监测指标》(QX/T 393—2017),按照强度分中等强度冷空气、强冷空气和寒潮。

①中等强度冷空气:单站 48 h 降温幅度≥6 ℃且<8 ℃的冷空气。

②强冷空气:单站 48 h 降温幅度≥8 ℃的冷空气。

③寒潮:单站 24 h 降温幅度≥8 ℃或单站 48 h 降温幅度≥10 ℃或单站 72 h 降温幅度≥12 ℃,且日最低气温≤4 ℃的冷空气。

冷空气过程:冷空气持续 2 d 及以上,判定为出现一次冷空气过程。

霜冻害

霜冻害按照两种指标进行计算:

①只有国家观测站:参照内蒙古自治区地方标准(DB15/T 1008—2016)《霜冻灾害等级》,采用地面最低温度小于或等于 0 ℃的温度和出现日期的早、晚作为划分霜冻灾害等级的主要依据。气象站夏末秋初地面最低温度小于或等于 0 ℃时的第一日定为初霜日,春末夏初地面最低温度小于或等于 0 ℃时的最后一日定为终霜日。

②国家站+区域站:参照《中国灾害性天气气候图集》,采用日最低气温≤2 ℃作为霜冻指标。

低温冷害

①5−9 月≥10 ℃积温距平<−100 ℃(可根据实际进行调整)。

②5−9 月平均气温距平之和≤−3 ℃;作物生育期内月平均气温距平≤−1 ℃。

③作物生育期内日最低气温低于作物生育期下限温度并持续 5 d 以上。

冷雨湿雪

同时满足以下任一条件为一个冷雨湿雪日。

①日降水量≥5 mm,5 ℃<日平均气温≤10 ℃,日最低气温降温幅度≥6 ℃。

②日降水量≥5 mm,5 ℃<日平均气温≤10 ℃,6 ℃≥日最低气温降温幅度>4 ℃,风速≥4 m/s。

③日降水量≥5 mm,日平均气温≤5 ℃,日最低气温降温幅度≥4 ℃。

④日降水量≥5 mm,日平均气温≤5 ℃,4 ℃≥日最低气温降温幅度>2 ℃,风速≥2 m/s。

低温灾害风险:低温灾害活动对人口、经济、基础设施、农牧业和交通等承灾体造成影响和危害的可能性。具体指某一地区、某一时段低温灾害发生的可能性和强度以及影响和危害程度。低温灾害风险主要取决于致灾因子危险性、承灾体暴露度和脆弱性 3 个因素综合作用的结果。其中,承灾体的脆弱性又可分解为灾损敏感性和人类防灾减灾能力。

低温危险性:指造成低温灾害的自然变异因素(主要指异常低温及其影响)发生频率、强度和持续时间等。

低温暴露度:指可能受到低温灾害危险影响的人员、经济、农业生态系统(农作物)、交通和基础设施等。

低温脆弱性:指在给定区域内由低温灾害潜在危险因素造成的伤害或损失程度,其综合反映了自然灾害损失程度。脆弱性又可分解为灾损敏感性和防灾、减灾能力,分别指承受灾害的程度(承灾体本身的属性)和可恢复的能力和弹性(应对能力)。

低温灾害风险评估:分别考虑各类型低温灾害致灾因子危险性、主要承灾体暴露度和脆弱性指标,对低温灾害风险大小进行评价的过程。

低温灾害风险区划:基于各类型低温灾害、不同承灾体风险评估结果,综合考虑不同区域,如农区、牧区以及其他区域,对低温灾害风险进行基于空间单元的划分。

浮尘:尘土、细沙均匀地浮游在空中,使水平能见度小于 10.0 km 的天气现象。

扬沙:风将地面尘沙吹起,使空气相当混浊,水平能见度在 1.0~10.0 km 的天气现象。

沙尘暴:风将地面大量尘沙吹起,使空气很浑浊,水平能见度小于 1 km 的天气现象。

强沙尘暴:大风将地面尘沙吹起,使空气非常浑浊,水平能见度小于 500 m 的天气现象。

特强沙尘暴:狂风将地面大量尘沙吹起,使空气特别浑浊,水平能见度小 50 m 的天气现象。

冰雹:一种固态降水物。系圆球形或圆锥形的冰块,由透明层和不透明层相间组成。直径一般为 5~50 mm,大的有时可超过 10 cm 以上。

冰雹灾害:是指在强对流天气的控制下,从雷雨云中降落的冰雹,对人类生命财产和农业生物造成严重损害的自然灾害。常常伴随雷雨、大风和龙卷风等天气过程。

最大冰雹直径:一次降雹过程中观测到的最大冰雹的直径。

降雹持续时间:从降雹开始至终止的持续时间。

降雹时极大风速:降雹过程中出现的最大瞬时风速。

降雹日极大风速:降雹当日出现的最大瞬时风速。

冰雹致灾因子:造成冰雹灾害的自然异变因素,多指造成冰雹灾害的最大冰雹直径、降雹持续时间、降雹时极大风速等。

冰雹灾损指数:评估区域内冰雹灾害造成的经济损失与当年该区域国内生产总值(GDP)的比值。

冰雹危险性指数:综合考虑冰雹灾害各致灾因子的量化评估指标。

冰雹风险指数:综合考虑冰雹致灾因子危险性、孕灾环境敏感性、承灾体易损性的量化评估指标。

雪灾:指因降雪形成大范围积雪,严重影响人畜生存,以及因降大雪造成交通中断,毁坏通信、输电等设施的灾害。

降雪量:某一时段内的未蒸发、渗透、流失的降雪,经融化后在平面上累计的深度。以毫米(mm)为单位,取 1 位小数。

积雪日数:积雪覆盖地面所持续的日数。以日(d)为单位。

能见度:指视力正常的人在当时天气条件下,能从天空背景中看到和辨认出目标物轮廓的最大水平距离。以米(m)为单位。

GDP:国内生产总值(Gross Domestic Product)简称 GDP,是指按市场价格计算的一个国家(或地区)所有常驻单位在一定时期内生产活动的最终成果。国内生产总值反映了一国(或地区)的经济实力和市场规模,是国民经济核算的核心指标,是衡量一个国家或地区经济状况和发展水平的重要数据,有价值形态、收入形态和产品形态等表现形态。

DEM:数字高程模型(Digital Elevation Model)简称 DEM,它是用一组有序数值阵列形式表示地面高程的一种实体地面模型,是数字地形模型(Digital Terrain Model,简称 DTM)的一个分支,其他各种地形特征值均可由此派生。一般认为 DTM 是描述包括高程在内的各种地貌因子,如坡度、坡向、坡度变化率等因子在内的线性和非线性组合的空间分布,其中 DEM 是 0 阶单纯的单项数字地貌模型,其他如坡度、坡向及坡度变化率等地貌特性可在 DEM 的基础上派生。

PM$_{10}$:通常把粒径在 10 μm 以下的颗粒物称为可吸入颗粒物,又称为 PM$_{10}$,可吸入颗粒物是在环境空气中长期飘浮的悬浮微粒,对大气能见度影响很大。

PM$_{2.5}$:环境空气中直径小于或等于 2.5 μm 的颗粒物称为细颗粒物,简称 PM$_{2.5}$。能较长时间悬浮于空气中,其在空气中含量浓度越高,代表空气污染越严重。对空气质量和能见度等有重要的影响。

防灾:灾害发生前,采取一系列措施防止灾害发生或预防灾害造成人员伤亡、财产损失,以及对社会和环境的影响。

减灾:在灾害管理的各个阶段,采取一系列措施减轻灾害造成的人员伤亡、财产损失,以及灾害对社会和环境的影响。

参考文献

[1] 陆均天. 2001 年北方地区又发生了大范围春夏干旱[J]. 气象知识,2001(4):2.

[2] 陈继龙. 浅析西北内陆河干旱气候不可逆性条件下水资源利用与生态保护——以艾丁湖流域和石羊河流域为例[J]. 甘肃水利水电技术,2021,57(7):5.

[3] 姜彤,王艳君,翟建青. 气象灾害风险评估技术指南录[M]. 北京:高等教育出版社,2018.

[4] 申红艳,段丽君,李万志,等. 青海冬季区域持续性低温事件变化及成因分析[J]. 冰川冻土,2020,42(2):7.

[5] 赵明瑞,杨晓玲,滕水昌. 甘肃民勤地区沙尘暴变化趋势及影响因素[J]. 干旱气象,2012,30(3):6.

[6] 刘萱,张文煜,贾东于,等. 河西走廊沙尘暴 50 a 频率突变检测分析[J]. 中国沙漠,2011,31(6):6.

[7] 中国气象局. 雷电灾情统计规范:QX/T 191—2013[S]. 北京:气象出版社,2013:2-5.

[8] 中国气象局. 中国气象灾害年鉴 2007[M]. 北京:气象出版社,2007.

[9] 中国气象局. 雷电灾害调查技术规范:QX/T 103—2017[S]. 北京:气象出版社,2017:4-6.

[10] 周永水,汪超. 贵州省冰雹的时空分布特征[J]. 贵州气象,2009(2):39-41.

[11] 黄美元,王昂生. 降雹的统计特征[J]. 气象,1976,2(3):27-28.

[12] 潘进军. 内蒙古气象灾害及其防御[M]. 北京:气象出版社,2007:40-124.

[13] 朱乾根,林锦瑞,寿绍文,等. 天气学原理和方法[M]. 北京:气象出版社,2007.

[14] 顾润源. 内蒙古自治区天气预报手册[M]. 北京:气象出版社,2012.

[15] 陆亚龙、肖功建. 《气象灾害及其防御》减灾知识系列之一[M]. 北京:气象出版社,2001.

[16] 中国气象局. 地面气象观测规范[M]. 北京:气象出版社,2003.

[17] 俞海洋,李婷,陈笑娟,等. 河北省近 30 年大风时空分布及成灾特征分析[J]. 灾害学,2017,32(2):59-63.

[18] 中国气象局. 中国气象灾害大典(内蒙古卷)[M]. 北京:气象出版社,2008.

[19] 中国气象局. 沙尘暴年鉴 2009[M]. 北京:气象出版社,2010.

[20] 中国气象局. 中国西北地区近 500 年极端干旱事件(1470—2008)[M]. 北京:气象出版社,2011.

[21] 邢野. 内蒙古自然灾害通志[M]. 呼和浩特:内蒙古人民出版社,2001.